MedR Schriftenreihe Medizinrecht

Springer
Berlin
Heidelberg
New York
Barcelona
Hongkong
London
Mailand
Paris
Singapur
Tokio

Hans-Dieter Lippert
Wolfgang Eisenmenger (Hrsg.)

Forschung am Menschen

Der Schutz des Menschen – die Freiheit des Forschers

Mit 1 Abbildung

Springer

Dr. iur. Hans-Dieter Lippert
Abt. Rechtsmedizin
Universitätsklinikum Ulm
Albert-Einstein-Allee 47
89069 Ulm

Professor Dr. med. Wolfgang Eisenmenger
Institut für Rechtsmedizin
Frauenlobstr. 7a
80336 München

ISBN 3-540-66454-8 Springer-Verlag Berlin Heidelberg New York

Die Deutsche Bibliothek – CIP-Einheitsaufnahme
Forschung am Menschen: Der Schutz des Menschen – die Freiheit des Forschers / Hans-Dieter Lippert, Wolfgang Eisenmenger (Hrsg.). – Berlin; Heidelberg; New York; Barcelona; Hongkong; London; Mailand; Paris; Singapur; Tokio: Springer, 1999
(MedR, Schriftenreihe Medizinrecht)
ISBN 3-540-66454-8

SPIN 10744135 64/2202-5 4 3 2 1 0 – Gedruckt auf säurefreiem Papier

Vorwort

Es ist 13 Jahre her, daß die Deutsche Gesellschaft für Medizinrecht (DGMR) e.V. ebenfalls in München ein Symposion mit dem Thema "Forschung am Menschen" abgehalten hat. Es war deren Veranstaltungspremiere. Seither hat die biomedizinische Forschung große Fortschritte aber auch Rückschläge zu verzeichnen gehabt. Das Spannungsfeld von wissenschaftlicher Neugier und der Würde des Menschen vor allem im Zusammenhang mit der medizinischen Behandlung des Menschen ist unverändert aktuell. Die fortlaufende Diskussion über das Menschenrechtsübereinkommen zur Biomedizin, aber auch die in den in diesem Symposion abgehandelten Forschungsbereichen zeigen nur zu deutlich, daß eine Beruhigung hier kaum zu erwarten ist. Die Forschung am Menschen auf ihre rechtliche und ethische Vertretbarkeit hin zu überprüfen, ist eine permanente Aufgabe aller, die in diesem Bereich tätig sind.

Wieviel schwieriger diese Aufgabe heute geworden ist, zeigt sich bereits an der Entwicklung der geltenden Rechtsgrundlagen, die sich seit 1985 verändert haben oder gar neu geschaffen wurden. Der Einfluß der europäischen Einigung etwa im Bereich der Forschung an Arzneimitteln oder bei der Entwicklung von Medizinprodukten macht dies unübersehbar deutlich. Auch die Stellung der Ethikkommissionen im System der medizinischen Forschung, bei dem der konkrete Schutz des Probanden wie des Patienten im Vordergrund stehen muß, gehört dazu.

Nicht nur der ganze Körper des Menschen ist für den Forscher von Interesse, sondern auch Teile davon. Aus menschlichem Zellgewebe lassen sich heute ungeahnte Erkenntnisse, aber auch Daten über die Herkunftsperson gewinnen, die, in falsche Hände gelangend, nicht wiedergutzumachenden Schaden stiften können. In wie weit auch der menschliche Embryo Gegenstand der Forschung sein kann, bedarf dringend neuer Erörterung.

Was schließlich mit den Forschungsdaten geschehen soll und wie der Patient oder Proband hier in seinem Recht auf informationelle Selbstbestimmung geschützt werden kann, gehört ebenfalls geklärt

Vertrauen ist gut, Kontrolle ist besser. Daß dieser Satz Lenins auch im Bereich der Forschung am Menschen Geltung hat, zeigen die derzeit besonders aktuellen Fragen nach der Kontrolle von publizierten Forschungsergebnissen auf ihre Richtigkeit.

Bleibt der Mensch als Proband oder Patient, an welchem Forschung stattfinden soll und wie sein Schutz auszusehen hat. Welche Risiken bei einer Teilnahme an Forschungsprojekten gegen Schäden abgesichert werden müssen und welche Haftungsfragen sich im Zusammenhang mit der Durchführung von Forschungsprojekten am Menschen stellen, sind Fragen, die vordringlich gelöst werden müssen.

Sicher ist es unmöglich auf einem Symposion wie dem der DGMR alle interessanten Fragen im Zusammenhang mit Forschungsprojekten am Menschen abzuhandeln. Aufzuzeigen, in welche Richtung die Entwicklung in den nächsten Jahren einschlagen wird, war das Ziel der Veranstaltung.

München, im Juli 1999
Prof. Dr. W. Eisenmenger
Präsident der Deutschen Gesellschaft
für Medizinrecht (DGMR) e.V.

Autorenverzeichnis

Autorinnen und Autoren

Direktorin und Professorin
Dr. med. Annekarin Bertelsmann
Bundesinstitut für Arzneimittel
und Medizinprodukte
Abt. klinische Pharmakologie I
Seestr. 10
D - 13353 Berlin

Professor Dr. med. Uwe B. Brückner
Sektion Chirurgische Forschung
Chirurgische Universitätsklinik I
Parkstr. 11
89073 Ulm

Dr.med. Rudolf. Burger
Geschäftsführender Arzt
Bayerische Landesärztekammer
Ethikkommission
Mühlbaurstr. 16
81677 München

Professor em. Dr. iur. Dr. h.c. mult. Erwin Deutsch
Abteilung für Arzt-und Arzneimittelrecht
des Juristischen Seminars der Universität Göttingen
Goßlerstr. 19
37073 Göttingen

Professor Dr. iur. Dres h.c. Albin Eser
Max-Planck-Institut für ausländisches
und internationales Strafrecht
Günterstalstr. 73
79100 Freiburg

Professor Dr. Dieter Hölzel
Institut für med. Informationsverarbeitung,
Biometrie und Epidemiologie
81377 München

Universitäts -Professor Dr.iur. Helmut Kollhosser
Institut für Arbeits- Sozial- und
Wirtschaftsrecht der Westfälischen-
Wilhelms- Universität
48143 Münster

Professor Dr. iur. Hans Lilie
Martin-Luther-Universität
Juristische Fakultät
06099 Halle

Professor Dr.med. Rainer Mattern
Institut für Rechts- und Verkehrsmedizin
69115 Heidelberg

Rechtsanwalt
Dr. iur. Rudolf Ratzel
Maximiliansplatz 12 IV
80333 München

Professor Dr. iur Jochen Taupitz
Richter am OLG Karlsruhe
Lehrstuhl für Bürgerliches Recht,
Zivilprozessrecht, Internationalses Privatrecht
und Rechtsvergleichung
68131 Mannheim

Professor Dr. med. Ingeborg Walter-Sack
Abt. Klinische Pharmakologie
Med. Klinik der Universität
Bergheimerstr. 58
69115 Heidelberg

Hochschuldozent
PD Dr. med. Jürgen Windeler
Institut für Medizinische Biometrie und
Informatik Abt. Medizinische Biometrie
Im Neuenheimer Feld 305
69120 Heidelberg

Herausgeber

Dr. iur. Hans-Dieter Lippert
Abt. Rechtsmedizin
Universitätsklinikum Ulm
Albert-Einstein-Allee 47
89069 Ulm

Professor Dr. med. Wolfgang Eisenmenger
Institut für Rechtsmedizin
Frauenlobstr. 7a
80336 München

Inhaltsverzeichnis

---

* Lag bei Redaktionsschluß nicht vor

Forschung am Menschen in Deutschland - Rechtsgrundlagen und Rechtsentwicklung

Hans Lilie

Problemlage

In den Szenenentwürfen zu Woyzeck läßt Georg Büchner Woyzeck als Probanden im Rahmen eines medizinischen Versuches auftreten. Nicht anderes als Erbsen läßt der Doktor seinen Probanden ein Vierteljahr lang essen. Dieser Proband wird den Studenten vorgestellt, wobei der Professor vom Dachfenster her die Studenten unterrichtet und der Doktor die Wirkung der „Erbsenkur" auf den Probanden beschreibt. Büchner beschreibt den Fanatiker, der seinem Probanden - unter Ausnutzung dessen wirtschaftlicher Situation - Extremes zumutet und sich dabei über humane Grundhaltungen hinwegsetzt. Sicherlich ist Büchners Szene vom heutigen Standard bei der Forschung an oder mit dem Menschen weit entfernt. Zu Recht ist immer wieder darauf hingewiesen worden, daß die diesbezügliche Regelungsmaterie verzweigt und vielschichtig ist[1]. Forschungsprojekte am Menschen verlangen von allen Beteiligten eine Berücksichtigung der in den letzten Jahren deutlich spürbaren Verdichtung rechtlicher Normen. In diesem Dschungel insbesondere haftungsrechtlicher Normen muß sich das Bewußtsein des Forschers trotz der bislang relativ wenigen Haftungsfälle immer stärker

---

1 Lippert, Rechtsfragen bei Forschungsprojekten am Menschen, VersR 97, S. 545; Deutsch, Der Beitrag des Rechts zur klinischen Forschung am Menschen, NJW 1995, S. 3019; Der Doppelblindversuch, JZ 1980, S. 289; Giesen, Internationale Maßstäbe für die Zulässigkeit medizinischer Heil- und Forschungseingriffe, MedR 1995, S. 353; Vesting/Müller, Xenotransplantation: Naturwissenschaftliche Grundlagen, Regelung und Regelungsbedarf; Hart, Arzneimittel- und haftungsrechtliche Aspekte neuer Krebstherapien, MedR 1997, S. 51 f.; Eser, Das Humanexperiment, Gedächtnisschrift für Horst Schröder, S. 191 f.; Schreiber, Rechtliche Grenzen für die Zulässigkeit der Placeboanwendung in: Das Placebo-Problem, hrsg. von Hippius, Überla 1996, S. 11 f.; Feick, Rechtliche und ethische Grenzen von Wissenschaft und Forschung, dargestellt am Beispiel der Gentechnologie, BayVBl 1986, S. 449; Eberbach, Forschung an menschlichen Embryonen: Konsensfähiges und Begrenzungen, ZRP 1990, S. 217 f.

innerhalb eines komplizierten Regelungsnetzes bei der Anlage seiner Forschungsprojekte orientieren[2].

Humanexperiment

Die wesentlichen Rechtsquellen für medizinische Versuche sind trotz allem spärlich. Zentral ist nach wie vor die Teilregelung für Arzneimittelprüfungen in §§ 40, 41 des Arzneimittelgesetzes. Versuche mit ionisierenden Strahlen sind in § 41 der Strahlenschutzverordnung und die für die klinische Prüfung von Medizinprodukten in §§ 17 und 18 des Medizinproduktegesetzes geregelt[3]. Über die nationalen Regelungen hinaus sind eine Reihe von internationalen rechtsverbindlichen Normen bei der Forschung am Menschen zu berücksichtigen. Hier ist zunächst Art. 7 des Internationalen Paktes über bürgerliche und politische Rechte vom 16.12.1966 zu erwähnen, der vorschreibt, daß niemand ohne seine freie Einwilligung medizinischen oder wissenschaftlichen Versuchen unterworfen werden soll[4]. Deutschland hat das Abkommen neben 133 weiteren Staaten ratifiziert (BGBl. 1973 II, 1533)[5]. Zentrale Bedeutung in diesem Bereich hat vor allen Dingen die internationale revidierte Deklaration von Helsinki aus dem Jahre 1975. Diese inzwischen mehrfach angepaßte Deklaration kann zwar keine unmittelbare Rechtsverbindlichkeit entwickeln. Sie ist jedoch in den meisten Ländern der Welt eine der wichtigsten Zulässigkeitsvoraussetzungen für medizinische Versuche überhaupt.

Zentraler Gedanke der Deklaration sind Schutz und Sicherheit der jeweiligen Versuchsperson. Um das Interesse des Patienten bei medizinischen Versuchen angemessen zu berücksichtigen, ist es ein zentrales Anliegen der Deklaration von Helsinki, gerade angesichts des häufig fremdnützigen Charakters der Eingriffe, daß dem Patienten nur ein Risiko zugemutet wird, das noch in einem vertretbaren Verhältnis zu dem Nutzen für das Individuum steht. Diese sogenannte Risiko-Nutzen-Abwägung fordert also, daß das Wohl der Versuchsperson stets dem Nutzen der Gemeinschaft vorzugehen hat[6].

---

2 Lippert/Adler, Forschung am Menschen, VersR 93, S. 277; Hart, Heilversuch, Entwicklung therapeutischer Strategien, klinische Prüfung und Humanexperiment, MedR 1994, 94.

3 Zu weitergehenden europäischen Regelungen vgl. Fischer in: Fischer/Lilie, Ärztliche Verantwortung im europäischen Rechtsvergleich 1999, S. 77 f.; Deutsch, Medizinrecht, 3. Aufl., S. 380 ff.

4 Treaty serious vol. 99, S. 171.

5 Näher dazu Fischer, Medizinische Versuche am Menschen, 1979, S. 3 f.

6 Deutsch, Medizinrecht, Rdn. 536.

Eine grundsätzliche gesetzliche Regelung der Forschung am Menschen fehlt damit allerdings. Die Forderung des Juristentages 1978 fand nur insoweit Gehör, als Einzelgebiete, wie etwa die Arzneimittelprüfung durch das Arzneimittelgesetz eine sehr detaillierte Regelung erfahren haben. Insgesamt wird sich deshalb die medizinische Forschung weiterhin im Rahmen der Spezialregelungen, wie wir sie im Arzneimittelgesetz und dem Medizinproduktegesetz bereits vorliegen haben[7], bewegen müssen.

Regelungsrahmen

Trotz der Vielfalt wissenschaftlicher Forschung gerade im Zusammenhang mit dem Menschen lassen sich gleichwohl gewisse Grundstrukturen bilden. Diese Strukturen, die sich an den unterschiedlichen Formen wissenschaftlicher Forschung am Menschen orientieren, ermöglichen eine präzisere Differenzierung der jeweiligen Voraussetzungen der Maßnahmen bei den einzelnen Patienten. Deutsch hat die Formel geprägt[8], daß der Versuch nicht im Gegensatz zum Erfolg, sondern im Gegensatz zum Standard stehe. Die Standardbehandlung bietet dem Patienten die Behandlung, die üblicherweise als Maß der objektiv erforderlichen Sorgfalt eines Facharztes auf dem jeweiligen Gebiet gewährleistet werden muß. Im Gegensatz dazu dient der Versuch dem forschenden Vorantreiben und hat zum Ziel, neue Standards zu entwickeln. Unter diesen Prämissen muß das klinische Experiment bzw. der wissenschaftliche Versuch als Humanexperiment unterschieden werden vom Heilversuch, auch therapeutischer Versuch genannt. Während das Humanexperiment Bestandteil der Forschung ist, ist der Heilversuch bereits der ärztlichen Behandlung zuzuordnen, da er wenigstens möglicherweise der Gesundheit der beteiligten Patienten dient[9] und nur unter strikter Abwägung des Verhältnisses[10] von Vorteil und Gefahr erfolgen darf. Das klinische Experiment bzw. der wissenschaftliche Versuch dagegen verlangen aus der Sicht des Patienten weit mehr von ihm: Dem Humanexperiment fehlt in der Regel die Legitimation einer Behandlung, damit wird das grundlegende Prinzip des individuellen Nutzens zu Gunsten des Gemeinwohls aufgegeben[11]. Diese Verschiebung und der damit verbundene Nutzen für die Heilkunst und damit für zukünftige Standardbildungen zwingt den Forscher, die medizinische Vertretbarkeit einerseits und die Freiwilligkeit des Opfers durch den Probanden andererseits ständig sicherzustellen[12].

---

7 So bereits Schreiber, Verh. Dtsch. KrebsGes. 4 (1983), 13 f.
8 Medizinrecht, Rdn. 527.
9 Deutsch, a.a.O., Rdn. 539.
10 Laufs/Uhlenbruck - Laufs, Handbuch des Arztrechts, § 130, Rdn. 23.
11 Hart, Heilversuch, Entwicklung therapeutischer Strategien, MedR 1994, S. 104.
12 Deutsch, Medizinrecht, Rdn. 559.

Art. 17 Abs. 2 der Menschenrechtskonvention zur Biomedizin[13] befaßt sich mit einer Ausnahmeregelung für fremdnützige Krankheits- und Therapieforschung und regelt die konkreten Voraussetzungen. Vor dem Hintergrund einer besonders intensiven Risiko-Nutzen-Abwägung sind zunächst besonders hohe Anforderungen an die Einwilligung der Probanden zu stellen. Die Probanden müssen in der Lage sein, den konkreten Sachverhalt zu verstehen und dies insbesondere im Hinblick auf das Ziel des jeweiligen Forschungsvorhabens. Die konkreten Verfahren und Beeinträchtigungen muß der Betroffene ebenso abschätzen können wie die Risiken, auf die er sich einläßt, und die möglichen Folgen. Der Proband muß natürlich in der Lage sein, diese Informationen in angemessener Weise zu verarbeiten, alle wesentlichen Aspekte nachzuvollziehen und darf weder durch seine Krankheit noch durch geistige Unreife zu einer möglicherweise verzerrten Betrachtungsweise kommen. Auf der Grundlage umfassender Information braucht der Proband ein Verständnis, das es ihm ermöglicht, den eigenen Willen eigenständig zu bilden und zu äußern[14]. Vergleichbare Maßstäbe im Rahmen einer gesetzlich normierten Einwilligung finden sich inzwischen in § 8 Abs. 2 des Transplantationsgesetzes. Ähnlich wie beim Humanexperiment dient auch die Lebendspende niemals dem Spender direkt selbst. Für ihn ist der Eingriff zumindest körperlich immer mit erheblichen Nachteilen, Gefahren und Risiken verbunden. Diese Parallele macht es möglich, für die Aufklärungs- und Einwilligungsvoraussetzungen eine entsprechende Anwendung von § 8 Abs. 2 des Transplantationsgesetzes zu postulieren. Auf das Humanexperiment bezogen, bedeutet das: Der Proband muß über die „Art des Eingriffs, den Umfang und mögliche, auch mittelbare Folgen und Spätfolgen für seine Gesundheit sowie über die zu erwartende Erfolgsaussicht der Maßnahme und sonstige Umstände, denen er erkennbar eine Bedeutung ... beimißt," aufgeklärt werden. Man könnte in diesem Zusammenhang auch überlegen, ob man entsprechend § 8 Abs. 2 Satz 2 Transplantationsgesetz ebenfalls fordert, daß ein weiterer Arzt bei dieser Aufklärung anwesend ist. Selbstverständlich sind der Inhalt der Aufklärung und die Einwilligungserklärung des Patienten schriftlich aufzuzeichnen. Jedenfalls sollte man hier die Parallele im Transplantationsgesetz heranziehen, um so einen für den Arzt sicheren Maßstab für die Aufklärung in dieser Situation zu haben. Es gilt auch insofern das Prinzip der Bioethikkonvention des Europarats, die in Art. 5 den Grundsatz der informierten Einwilligung festschreibt[15].

Den zweiten wichtigen Aspekt hat Deutsch besonders klar herausgearbeitet. Es geht um die Risiko-Nutzen-Abwägung in diesem Fall. Deutsch hat darauf

---

[13] Abgedruckt in Deutsch, Medizinrecht, S. 690ff.

[14] Zum Rationalitätsbegriff in diesem Zusammenhang s. Amelung, Einwilligungsfähigkeit und Rationalität, JR 1999, 45 (47).

[15] Ausführlich dazu: Wolfslast, Einwilligungsfähigkeit im Lichte der Bioethik-Konvention, KritV 98, S. 74 f. (S. 75); Jürgens, Fremdnützige Forschung an einwilligungsunfähigen Personen nach deutschem Recht und nach dem Menschenrechtsübereinkommen für Biomedizin, KritV 89, 34 ff.

hingewiesen, daß hier zwei unvergleichbare Momente miteinander in Korrelation gesetzt werden[16]. Auf der einen Seite stehen die Risiken für die Personen, die überhaupt nur deshalb eingegangen werden können, weil nur so die medizinische wissenschaftliche Forschung Vorteile für die Gesellschaft erreichen kann. Das Risiko des Individuums muß mit der voraussichtlichen Bedeutung des zu erwartenden Forschungsergebnisses ins Verhältnis gesetzt werden. Der Verhältnismäßigkeitsgrundsatz ist um so wichtiger, je größer das Risiko für die Versuchsperson im Verhältnis zum erwarteten Studienziel und den möglichen Ergebnissen ist[17]. Es geht also um eine Minimierung des erwarteten Risikos bei der Forschung in medizinischem Neuland. Dabei muß auf jeden Fall vermieden werden, daß die primär ärztliche Verantwortung mit geschickt formulierten und umfassenden Aufklärungsklauseln oder etwa Aufklärungsformularen dem Patienten oder dem Probanden zugeschoben werden könnte. Um zu vermeiden, daß der Patient überfordert ist, ist es deshalb wichtig, auf einfache und voreilige Harmonisierungen in diesem Bereich zu verzichten. Und deshalb sollte weder verkannt noch verschwiegen werden, daß neben dem Patientenwohl Forschungsinteressen des jeweiligen Arztes ins Spiel kommen und, wie Schreiber es formuliert hat, zu einer „vielleicht gar nicht deutlich bewußten Entscheidung zum Nachteil einzelner Patienten führen können"[18].

Soweit der Patient für die Legitimität der Behandlung durch seine Einwilligung quasi mit Verantwortung übernimmt, sind dem freilich klare Grenzen gesetzt. Wie sich bereits aus § 228 StGB ergibt, steht dem Versuch am Menschen mit der Gefahr des Todes oder einer schweren Verletzung die gesetzliche Einwilligungssperre entgegen. Damit wird ein Versuch wegen unmöglicher Einwilligung von vornherein unmöglich. Wird diese Grenzziehung im Einzelfall nicht beachtet, so ergeben sich nicht nur zivilrechtliche Haftungsansprüche[19], sondern der Forscher sieht sich unter Umständen einem Strafverfahren wegen Körperverletzung oder Tötung ausgesetzt.

Therapeutischer Versuch bzw. Heilversuch

Zwischen dem ausschließlich auf die Forschung bezogenen Humanexperiment und der Standardbehandlung wird der Heilversuch verortet. Im Verhältnis zur Standardbehandlung ist der Heilversuch dadurch gekennzeichnet, daß im Einzelfall die Standardmethode gerade nicht angewendet wird, um durch erfolg-

---

[16] Deutsch, Medizinrecht, Rdn. 559.

[17] Hart, Heilversuch, Entwicklung therapeutischer Strategien usw., MedR 1994, S. 104; zu den haftungsrechtlichen Aspekten Lippert/Adler, Forschung am Menschen, VersR 93, 277 (279).

[18] Schreiber, Rechtsprobleme bei Therapiestudien, Verh. Dtsch. KrebsGes. 4, S. 14.

[19] Dazu ausführlich Lippert/Adler, Forschung am Menschen, VersR 93, S. 277 (279);

versprechende Methoden, die für die Probanden im konkreten Fall Besserung über den Standard hinaus bewirken sollen, letztlich neue Standards zu entwickeln[20]. Therapiefreiheit und informed consent sind die entscheidenden Faktoren um zu legitimieren, daß die anerkannten Behandlungsstrategien des Standards unter näher zu beschreibenden Legitimationsvoraussetzungen verlassen werden. Solange man am Standard festhält, weiß man sich mit der Behandlung im Rahmen einer wissenschaftlich begründeten und bereits erprobten Prognose, wobei auch der allgemeine therapeutische Nutzen der Behandlung anerkannt ist. Wer diese erprobten und anerkannten Regeln verläßt, setzt sich damit einer gesteigerten Verantwortlichkeit aus[21]. Daran ändert sich auch nichts dadurch, daß der Heilversuch, anders als das Humanexperiment, grundsätzlich von der therapeutischen Absicht geprägt ist[22].

Auch hier spielen Einwilligung und Aufklärung eine zentrale Rolle. Für den „Risiko"-Anteil muß hier Gleiches gelten wie beim Humanexperiment. Die Aufklärungspflicht ist extrem und dadurch geprägt, daß sowohl Patient als auch Arzt einer nicht zu verdrängenden Erkenntnisunsicherheit ausgesetzt sind[23]. Das wesentliche Kriterium ist also ein angemessenes Verhältnis von Vorteil und Gefahr[24]. Die Grenzlinie für die Hinnahme eines gewissen Risikos oder eines bestimmten Grades von Gefahren liegt dabei im für die Rechtsordnung auch in anderen Bereichen Üblichen[25]. Deshalb können in diesem Zusammenhang überwiegend Gefährdungen zugelassen werden, die in engem Zusammenhang mit dem Interesse des Patienten stehen. Wenn insofern die Standardtherapie verlassen wird, kann eine besonders naheliegende Gefahr ein Risiko zulassen, wenn ein therapeutischer Gewinn von der Behandlungsmaßnahme mit hoher Wahrscheinlichkeit erwartet wird[26]. Das bedeutet, daß bei nur geringen Erwartungen für den Patienten nur ein entsprechend kleines Risiko die Behandlungsmaßnahme begleiten darf. Ist jedoch der Zustand des Patienten besonders hoffnungslos und scheint die bisher gebräuchliche Methode keinerlei Aussicht auf Erfolg zu bieten, dann darf der Arzt ein wesentlich höheres Risiko eingehen[27]. Grenzen wird man dort ziehen müssen, wo ein Patient in einer hoffnungslosen Situation, insbesondere als Todkranker, gerade wegen dieser Hoffnungslosigkeit den Rat bekommt, an einem Heilversuch teilzunehmen[28]. Die Parallelen zum Experiment liegen auf der Hand.

[20] Hart, Heilversuch, Entwicklung therapeutischer Strategien usw., MedR 1994, S. 101.
[21] Laufs, Arztrecht, 5. Aufl., Rdn. 673.
[22] Laufs, Arztrecht, Rdn. 677.
[23] Hart, Heilversuch, Entwicklung therapeutischer Strategien usw., MedR 1994, S. 101.
[24] Deutsch, Medizinrecht, Rdn. 540; Eser, Das Humanexperiment, FS-Schröder (1978), 198 ff.
[25] Schreiber, Verh. Dtsch. KrebsGes. 4, 13 f. (14).
[26] Schreiber, a.a.O.
[27] Schreiber, a.a.O.
[28] Schreiber, Verh. Dtsch. KrebsGes. 4, S. 14; Deutsch, Medizinrecht, Rdn. 540.

Einwilligung

Eine auch noch so hoffnungslose Situation oder umgekehrt ein relativ geringes Risiko entbinden den Arzt nicht davon, das Erfordernis der Einwilligung[29] nach Aufklärung als Element der Legitimität des Heilversuchs zu berücksichtigen. Erneut sind an die Aufklärung in diesem Zusammenhang besonders hohe Anforderungen zu knüpfen.

Durch die Aufklärung muß der Patient verstehen, daß die bei ihm geplante Maßnahme Neulandcharakter hat. Die damit verbundene Ungewißheit ist dem Patienten zu offenbaren, damit auch in solchen extremen Behandlungssituationen die Patientenautonomie gewahrt werden kann. In Anlehnung an § 8 Abs. 2 des Transplantationsgesetzes kann man auch hier formulieren, daß die Art des Eingriffs, der Umfang und mögliche, auch mittelbare Folgen und Spätfolgen der beabsichtigten Maßnahme zu erörtern sind. Auch wäre es wichtig, daß der Patient über weitere Umstände, die für ihn erkennbar eine Bedeutung für den weiteren Verlauf haben, vom Arzt aufgeklärt wird. Es erscheint geradezu selbstverständlich, daß entgegen der sonstigen, oft anzutreffenden Übung hier der für den Heilversuch persönlich verantwortliche Arzt höchstpersönlich die Aufklärung übernimmt und nicht delegiert[30]. Über die allgemein bedeutsamen Umstände hinaus müssen auch alle für den Einzelfall erkennbar bedeutsamen Umstände erklärt werden. Nur schwer ließen sich Beschränkungen der Aufklärung hier aus therapeutischen Gründen finden. In der besonderen Situationen des Heilversuchs, bei der der Standard verlassen wird, darf allenfalls nur sehr zurückhaltend auf eine Aufklärungsbegrenzung aus therapeutischen Gründen zurückgegriffen werden. Gerade wenn es um umfassende Aufklärung und unabhängige Zustimmung des Patienten geht, steht die Selbstbestimmung im Vordergrund, da beide Elemente der Rechtfertigung für die Autonomieverletzung, nämlich einerseits Zulässigkeit des Risikos und andererseits die Vertretbarkeit des Eingriffs, vernachlässigt werden[31]. Ein besonderes Augenmerk ist dabei auch der sogenannten Trendaufklärung zu widmen. Sobald sich erste Anzeichen für bestimmte Trends sowohl für den jeweils einzelnen Patienten als auch für solche im Rahmen des gesamten Probandenkreises rsp. in der medizinischen Forschung ergeben, müssen auch diese dem Patienten mitgeteilt werden, damit er an den weiteren Entscheidungen über den Behandlungsverlauf aktiv mitwirken kann. Anders als bei der Standardbehandlung setzen hier die Mitwirkungsrechte des Patienten früher und zugleich intensiver ein.

---

[29] Umfassend zum Problem der Einwilligung, Kohte, AcP 185 (1985), 105 ff.

[30] Laufs/Uhlenbruck-Laufs, § 130, Rdn. 27.

[31] Anders wohl Schreiber, a.a.O., S. 14.

Nichtzustimmungsfähige

Heftig wird immer wieder die Frage diskutiert, ob Bewußtlose und Nichtzustimmungsfähige als Patienten an einem Heilversuch teilnehmen dürfen. Art. 6 der Bioethikkonvention des Europarats hat ausdrücklich geregelt, daß bei einer einwilligungsunfähigen Person[32] eine Intervention nur zu ihrem unmittelbaren Nutzen erfolgen darf. Speziell für den Schutz einwilligungsunfähiger Personen bei dem Forschungsvorhaben ist in Art. 17 eine besonders detaillierte Regelung vorgesehen. Neben den normalen Schutzmaßnahmen des Art. 16 wird für die einwilligungsunfähige Person ein tatsächlicher und unmittelbarer Nutzen verlangt. Außerdem muß sichergestellt sein, daß die Forschung im Bereich vergleichbarer Wirksamkeit an einwilligungfähigen Personen nicht möglich ist. Schließlich darf die betroffene Person die Behandlungsmaßnahme nicht abgelehnt haben. Entsprechend hat die zentrale Ethikkommission der Bundesärztekammer[33] im Jahre 1997 eine Stellungnahme zum Schutz nichteinwilligungsfähiger Personen in der medizinischen Forschung verabschiedet[34]. Insbesondere in Deutschland hat sich eine kritische Diskussion hinsichtlich der Zulässigkeiten medizinischer Forschung mit nichteinwilligungsfähigen Menschen entwickelt. Dabei wird insbesondere vorgetragen, daß der Schutz des deutschen Rechts weiterreiche als die Mechanismen der Bioethikkommission des Europarats[35]. Ausgangspunkt bei der Situation muß der Gedanke sein, daß auch psychisch beeinträchtigte Personen, ebenso wie sehr alte bewußtseinsgetrübte oder sehr junge Patienten, nicht von vornherein von der Teilnahme an einem Heilversuch ausgeschlossen werden könnten. Auch sie können in Situationen kommen, wo die Standardtherapie nicht mehr zu helfen vermag und nur mit einem Heilversuch nach Aufklärung eine Chance wahrgenommen werden kann[36]. Auch die revidierte Fassung der Deklaration von Helsinki gestattet medizinische Forschung in den hier diskutierten Fällen, wenn ein individueller Nutzen für den Betroffenen selbst feststellbar ist. An diese Kriterien knüpft auch die Stellungnahme der zentralen Ethikkommission der Bundesärztekammer an, die versucht, durch konkrete Schutzkriterien die Teilnahme nichteinwilligungsfähiger Personen an biomedizinischer Forschung zu regeln. Soweit dabei für den Betroffenen kein direkter unmittelbarer, sondern nur ein mittelbarer Nutzen besteht, müssen

---

[32] Zum Problem der Einwilligungfähigkeit, insbesondere für eine Abstufung innerhalb des Bereiches der Einwilligungsunfähigkeit, siehe Amelung, ZStW 104 (1992), 821 (829).

[33] Übereinkommen zum Schutz der Menschenrechte und der Menschenwürde im Hinblick auf die Anwendung von Biologie und Medizin - Übereinkommen über Menschenrechte und Biomedizin - des Europarates vom 4. Juli 1997 (verbindlich ist nur der Wortlaut in englischer Sprache und französischer Sprache).

[34] Ausführlich dazu Taupitz/Fröhlich, Medizinische Forschung mit nichteinwilligungsfähigen Personen, VersR 1997, S. 911; Elzer, Die Grundrechte Einwilligungsunfähiger in klinischen Prüfungen - ein Beitrag zur EMRÜ-Biomedizin -, MedR 1998, S. 122.

[35] Taupitz/Fröhlich, VersR 1997, S. 911; Wolfslast, KritV 1998, S. 74 f.

[36] Wolfslast, a.a.O., S. 78.

besondere Schutzkriterien zugrunde gelegt werden[37]. Wichtig ist dabei, daß die Schutzkriterien kumulativ zusammenwirken müssen, um einen wirklich zuverlässigen Schutz für Einwilligungsunfähige zu erlangen. Hier wird man auch in einzelnen Aspekten über die Möglichkeiten, die Art. 17 Abs. 2 der Bioethikkommission des Europarats einräumt, hinausgehen müssen. Erst wenn die Forschung wirklich objektiv notwendig und das Forschungsvorhaben von so großer Bedeutung ist, daß zumindest ein, wie es Taupitz formuliert hat,[38] gruppenspezifischer Nutzen erwartet wird, kann man Betroffene, die nicht selbst von den Ergebnissen profitieren werden, in die Forschung einbeziehen.

Ethikkommissionen

Sowohl das Humanexperiment wie auch der therapeutische Versuch benötigen als Legitimationsgrundlage die Zustimmung einer jeweils zuständigen Ethikkommission. Man wird darüber diskutieren können, ob bereits der Begriff Ethikkommission zutreffend ist. Es liegt die Vermutung nahe, daß es sich hierbei um eine unpräzise Übersetzung aus der englischen Sprache handelt. Die Food and Drug Administration der Vereinigen Staaten von Amerika fordert Bewertungen durch ethische Komitees, bei denen Ethik im ursprünglichen Sinn fast keine Rolle spielt. Zutreffend handelt es sich wohl hierbei um institutional review boards[39]. Diese Ethikkommissionen sollten stets interdisziplinär zusammengesetzt sein und alle mit medizinethischen wie medizinrechtlichen Fragen befaßten Interessengruppen vertreten. Deshalb sollten ihnen stets Juristen, Theologen, gegebenenfalls auch Philosophen, angehören. Hier sollten die bisherigen Erfahrungen der Arbeitsgemeinschaft der öffentlich-rechtlichen Ethikkommissionen, die sich bei der Bundesärztekammer konstituiert hat, genutzt werden[40]. Diese bei der Bundesärztekammer arbeitende „zentrale Kommission zur Wahrung ethischer Grundsätze in der Medizin und ihren Randgebieten" nimmt eher die grundsätzlichen Fragestellungen auf, während die einzelnen Ethikkommissionen bei den Landesärztekammern und Kliniken die ärztliche Standespflicht erfüllen und deshalb ihrer Aufgabe des Patientenschutzes nachkommen und Patienten und Probanden bei jeder Form von medizinischer Forschung vor gefährlichen und überraschenden Eingriffen im Zusammenhang mit der Forschung schützen sollen[41]. Die Aufgaben der jeweils eingerichteten Ethikkommissionen sollten im

---

[37] Ausführlich dazu Taupitz/Fröhlich, Medizinische Forschung mit nichteinwilligungsfähigen Personen, VersR 1997, 915.

[38] Taupitz/Fröhlich, a.a.O., S. 914.

[39] Kleinsorge, Arzneimittelforschung an gesunden Probanden, Klinikarzt 1985, S. 878 (883); Laufs, Arztrecht, Rdn. 683; Deutsch, Medizinrecht, Rdn. 589.

[40] Vgl. dazu Deutsch, Medizinrecht, Rdn. 593 mit weiteren umfangreichen Nachweisen.

[41] Fischer, Medizinische Versuche, Rdn. 71; Laufs, Arztrecht, Rdn. 687; Deutsch, Medizinrecht, Rdn. 602.

Zweifel eher weit aufgefaßt werden. Auch wenn in der Regel ein Studiencharakter gegeben sein muß und die Einzelfallbehandlung überschritten worden sein muß, wird von der Notwendigkeit der Befassung durch eine Ethikkommission gesprochen. Gleichwohl kann es durchaus auch Einzelfallbehandlungen geben, bei denen es mehr als ratsam erscheint, diese Entwicklungen auch als Heilversuch bzw. therapeutischen Versuch einer Ärztekammer zur Begutachtung vorzulegen[42]. Wenn Ethikkommissionen wirklich Organe der berufsständischen Selbstkontrolle sind, sollte man hier die Voraussetzungen eher weit fassen. Schließlich regelt auch die Musterberufsordnung seit 1988[43], daß sich der Arzt vor der Durchführung klinischer Versuche am Menschen oder der epidemiologischen Forschung mit personenbezogenen Daten durch eine bei der Ärztekammer oder bei einer Medizinischen Fakultät gebildeten Ethikkommission über die mit seinem Vorhaben verbundenen berufsethischen und berufsrechtlichen Fragen beraten lassen muß. Die intensive Zusammenarbeit mit Ethikkommissionen schützt jedoch nicht nur den Patienten, sondern kann auch gerade den Forscher schützen[44]. Zwar können haftungsrechtliche Konsequenzen damit nicht ausgeschlossen werden. Jedoch werden in solchen Fällen, in denen ein berufsrechtlich notwendiges Votum eingeholt wurde, arzthaftungsrechtliche Konsequenzen leichter abzuwenden sein und man wird nicht vorschnell auf ein Verschulden im Rahmen eines groben Behandlungsfehlers zurückgreifen können[45]. Ein extensiver Rückgriff auf die Zusammenarbeit mit Ethikkommissionen ergibt sich auch nach den Prinzipien der NG-Empfehlungen der Good Clinical Practice.

Die klinische Prüfung von Arzneimitteln

Das Arzneimittelgestetz will vorrangig die Sicherheit des Arzneimittelverkehrs im Zeitalter der wachsenden Bedeutung von zahlindustriell-synthetisch hergestellten Wirkstoffen mit wirkkräftigen neuentwickelten Substanzen gewährleisten. Dabei nehmen die Prüfverfahren für neue Arzneimittel eine zentrale Rolle ein. Die klinische Prüfung dient daher dem Ziel, die Datengrundlage für eine verantwortbare Abwägung zwischen dem mit der Verwendung des Medikaments angestrebten therapeutischen Nutzen und den damit einhergehenden gesundheitlichen Risiken zu beschaffen. Die Prüfung erfolgt in einem komplexen und in der Regel langwierigen Verfahren, das in fünf Phasen aufgeteilt wird. Während sich die Phase null auf die Tierversuchsebene beschränkt, betreffen die nachfolgenden

[42] Vgl. dazu Hart, Heilversuch, Entwicklung therapeutischer Strategien, MedR 1994, S. 102.

[43] § 1 Abs. 4, Deutsches Ärzteblatt 1988, S. 3601.

[44] Deutsch, Medizinrecht, Rdn. 602.

[45] Hart, Heilversuch, Entwicklung therapeutischer Strategien, MedR 94, S. 102; dazu Kress, Die Ethikkommissionen im System der Haftung bei der Planung und Durchführung von medizinischen Forschungsvorhaben am Menschen, 1990.

Phasen eins bis vier die Anwendung der Substanz beim Menschen. Die vierte Phase dient der Überwachung des Arzneimittels nach seiner Zulassung. Gemäß § 40 AMG ist die Durchführung einer klinischen Arzneimittelprüfung ohne zu erwartenden Nutzen für den Probanden als Humanexperiment nur mit schriftlicher Einwilligung des einwilligungsfähigen Probanden nach umfassender Aufklärung zulässig. Die Risiken für den Patienten müssen in einem angemessenen Verhältnis zum erwarteten Nutzen stehen. Eine pharmakologisch-toxologische Untersuchung muß der Prüfung vorausgegangen sein. Die für Humanexperimente geltenden Bestimmungen des § 40 AMG betreffen gleichermaßen den Heilversuch und werden für diesen in § 41 teilweise gelockert[46]. So kann in diesen Zusammenhang ein Heilversuch auch bei Einwilligungsunfähigen vorgenommen werden. Nach der vierten Novelle zum Arzneimittelgesetz ist vor dem Beginn jeder klinischen Prüfung eines Arzneimittels das positive Votum einer nach Landesrecht zuständigen Ethikkommission der Universität oder der Landesärztekammer einzuholen.

Nach § 40 Abs. 1 Nr. 7 a AMG ist für diese Fälle ein Prüfplan notwendig, der auf dem jeweiligen Stand der wissenschaftlichen Erkenntnisse angesiedelt ist. Hier übernimmt das AMG das von der Deklaration von Helsinki geforderte research-protocol, dem alle Einzelheiten der Studie zu entnehmen sind. Das gilt sowohl für die jeweiligen notwendigen Gruppenbildungen, ebenso für die Zahl der Versuchspersonen, die an der Studie teilnehmen, als auch für andere Kriterien, wie Abbruchkriterien und Kontrollausschüsse. Zentrales Anliegen des § 40 Abs. 1 Nr. 1 AMG ist die angemessene Risikokalkulation. Die Risiko-Nutzen-Abwägung, die oben bereits für den Heilversuch und das klinische Experiment angesprochen worden ist, ist hier konkretisiert und verlangt, daß die Risiken, die der Proband eingeht, gemessen an der voraussichtlichen Bedeutung des Arzneimittels, für die Heilkunde ärztlich vertretbar sind[47].

Zentral sind gerade bei vergleichenden Therapiestudien die Fragen der Aufklärung[48]. Wie bei der Arzthaftung allgemein wird für die Aufklärung gefordert, daß der Patient über Wesen, Bedeutung und Tragweite der Prüfung aufgeklärt wird. Da gerade bei vergleichenden Studien in der Regel eine Randomisierung erfolgt, gestaltet sich diese Aufgabe besonders schwierig. Gerade die Patientenzuweisung nach Zufallsgesichtpunkten löst den größten Aufklärungsbedarf aus. Damit wird, wie es Schreiber formuliert hat, die Aufklärung zur Klippe der randomisierten Studie[49]. Gerade wenn man dem Patienten verdeutlicht, daß die Methodenwahl für seine Behandlung dem Zufall überlassen bleibt, wird

[46] Ausführlich zur Systematik Deutsch, Medizinrecht, Rdn. 776 ff.; Laufs, Arztrecht, Rdn. 697 ff.

[47] Vergleiche dazu Kloesel/Cyran, AMG § 40, Anm. 4.

[48] Deutsch, Medizinrecht, Rdn. 545 mit weiteren zahlreichen Nachweisen.

[49] Schreiber, Rechtsprobleme bei Therapiestudien, Verhandlung der deutschen Krebsgesellschaft 1993, Bd. 4, S. 15.

eine eher größere Zurückhaltung zu befürchten sein. Deshalb sind sowohl die Teilnehmer der Testgruppe als auch die Mitglieder der Kontrollgruppe grundsätzlich aufzuklären. Sie müssen in groben Zügen über die klinische Prüfung informiert werden, d.h. sie müssen wissen, ob es sich um eine Pilotstudie oder eine klinisch kontrollierte Studie handelt. Intensiv zu diskutieren ist die Frage, wann und in welchen Fällen ein Patient über einen sich abzeichnenden Trend für oder gegen eines der erprobten Verfahren aufgeklärt werden muß[50]. Eine kontrollierte Studie würde dann praktisch undurchführbar, wenn alle in die Studie neu eintretenden Patienten über jeden bei Zwischenauswertungen sich abzeichnenden Trend aufgeklärt werden müßten. Daher ist zu fragen, ob sich Trendaufklärung und Abbruch mit den individualtherapeutischen Interessen zur Deckung bringen lassen. Dabei wird man davon ausgehen müssen, daß wie bei jeder sonstigen Neulandbehandlung ein gewisses Risiko im individualen und allgemeinen Interesse zulässig eingegangen werden kann. Wenn man zuvor alle Abbruchkriterien im Versuchsplan festgelegt und diese Kriterien in eine Patientenaufklärung einbezogen hat, wird man auch ohne eine zu weit gehende Trendaufklärung einen Abbruch vermeiden können, bevor nicht ein mit relativ hoher Sicherheit feststehendes Ergebnis dargelegt werden kann. Das befreit den Arzt allerdings nicht von der Pflicht, bei unerwartet vom Versuchsplan abweichend auftretenden Entwicklungen zu überprüfen, ob ein Abbruch der Behandlung notwendig wird[51].

Gerade bei der Arzneimittelprüfung ist das Anrufen der Ethikkommission gemäß § 40 Abs. 1 Nr. 6 AMG vorgeschrieben. Hier gilt im wesentlichen das oben Gesagte. Wichtig ist, daß mit der klinischen Prüfung nicht begonnen werden darf, solange keine zustimmende Bewertung durch die Ethikkommission gegeben ist. Damit besteht eine ausdrückliche Anrufungspflicht der Ethikkommission vor Beginn der klinischen Prüfung[52]. Bedeutsam ist, daß die sich auf die Bewertung der rechtlichen Zulässigkeit, der wissenschaftlichen Vertretbarkeit, der ausreichenden Risikoabwägung und der hinreichenden Achtung der allgemein ethischen Grundlagen medizinischen Wirkens erstreckende Beurteilung der Ethikkommission lediglich eine Vermutung für die Einhaltung dieser Kriterien darstellt. Sie befreit den die gesamte Prüfung leitenden Arzt nicht von seiner Gesamtverantwortung für die Durchführung der Erprobung.

---

[50] Fischer, Rechtsprobleme der Trendbeurteilung bei der klinischen Prüfung von Arzneimitteln, MedR 87, 77.

[51] Schreiber, Verhandlung der deutschen Krebsgesellschaft 4, 13-19, S. 16.

[52] Deutsch, Die fünfte Novelle zum Arzneimittelgesetz – Gesetzgebung im Vermittlungsausschuß, NJW 94, 2381.

Schutzmechanismen zugunsten des Probanden und Patienten in der klinischen Forschung[*]

Jochen Taupitz

I. Einleitung

Mein Vortrag soll sich mit den Schutzmechanismen zugunsten des Probanden und Patienten in der klinischen Forschung befassen - für 20 Minuten Redezeit ein reichlich umfassendes Thema. Von daher versteht es sich von selbst, daß ich - auch mit Blick auf die nachfolgenden Referate - allenfalls einen Überblick geben und selbst diesen nur skizzieren kann.

Im Zentrum meiner Darlegungen sollen die Schutzkriterien stehen, die in den vorhandenen *spezialgesetzlichen* Bestimmungen enthalten sind. Zu diesen Spezialbestimmungen gehören vor allem das Arzneimittelgesetz (AMG) und das Medizinproduktegesetz (MPG). Daneben sind aber auch die Deklaration von Helsinki des Weltärztebundes und die Menschenrechtskonvention zur Biomedizin des Europarates einzubeziehen, gibt doch die Deklaration von Helsinki standesgewohnheitsrechtlich - wenn auch sehr allgemein formuliert und als „Empfehlung" bezeichnet - im wesentlichen das wieder, was - jedenfalls bisher - nach allgemeiner Auffassung als Kernbestand der Schutzkriterien begriffen wurde[1]. Demgegenüber kann die detailliertere Menschenrechtskonvention zur Biomedizin des Europarates[2] wohl als *das kommende Grundgesetz* zahlreicher Fragen der biomedizinischen Forschung in Europa angesehen werden. Dieses Menschen-

---

* Die mündlich vorgetragene Fassung blieb von der Diktion her weitgehend unverändert. Eingearbeitet wurden einige Anregungen aus der Diskussion.

1 In den (satzungsförmigen) Berufsordnungen der Ärztekammern, die der Musterberufsordnung des Deutschen Ärztetages folgen, wird die Deklaration von Helsinki allerdings nur als Grundlage jener Beratung genannt, die die *Ethikkommission* dem Arzt auf dessen Anforderung hin (zu der er verpflichtet ist) vor Durchführung biomedizinischer Forschung am Menschen erteilt (§ 15 II MBO, derzeitige Fassung DÄBl. 1997, A-2354).

2 Genaue Bezeichnung: Convention for the Protection of Human Rights and Dignity of the Human Being with Regard to the Application of Biology and Medicine: Convention on Human Rights and Biomedicine. Verbindlich ist nach Art. 38 des Übereinkommens nur die englische und französische Fassung.

rechtsübereinkommen ist von jenen Staaten, die dem Abkommen beitreten[3], in verbindliches nationales Recht zu überführen, wobei das in der Konvention enthaltene Schutzniveau in den Vertragsstaaten nur in Ausnahmefällen unterschritten werden darf. Hinzunehmen will ich bei meiner Übersicht, soweit es die Forschung mit Einwilligungsunfähigen betrifft, auch die Stellungnahme der Zentralen Ethikkommission bei der Bundesärztekammer zur Forschung an Nichteinwilligungsfähigen[4], handelt es sich dabei doch um eine Meinungsäußerung, die in der aktuellen Diskussion besondere Beachtung findet.

Wenig ergiebig - und damit nicht gesondert in die Übersichten aufgenommen - sind die Berufsordnungen der Ärztekammern. Soweit sie - wie überwiegend - der Musterberufsordnung des Deutschen Ärztetages folgen, enthalten sie mit § 15 lediglich eine einzige spezielle Vorschrift zur Forschung. Darin ist die Pflicht des Arztes enthalten, sich vor Durchführung biomedizinischer Forschung am Menschen durch eine bei der Ärztekammer oder bei einer medizinischen Fakultät gebildete Ethik-Kommission über die mit seinem Vorhaben verbundenen berufsethischen und berufsrechtlichen Fragen beraten zu lassen (wobei dieser Beratung die Deklaration von Helsinki zugrunde zu legen ist[5]). Zudem wird auf die Schweigepflicht eingegangen und wird der Arzt verpflichtet, in Publikationen von Forschungsergebnissen seine Beziehungen zum Auftraggeber und dessen Interessen offenzulegen. Neben diese wenigen speziellen Bestimmungen treten allerdings die allgemeinen Vorschriften zur ärztlichen Berufsausübung, die jedoch nicht auf die Besonderheiten der Forschung ausgerichtet sind.

II. Übersicht über die Schutzkriterien der verschiedenen Regelwerke

Im Interesse einer besseren Übersicht habe ich versucht, bezogen auf die angesprochenen Regelwerke die wichtigsten Kriterien zum Schutz der Patienten und Probanden in Tabellenform zu erfassen, wohl wissend, daß solche Übersichten immer nur mit Vorbehalten zu gebrauchen sind, weil Nuancen und unterschiedliche Formulierungen mit ihnen kaum darzustellen sind. Aber ich glaube doch, daß es dem Verständnis dient, wenn man sich einmal vor Augen

3 Bisher haben 24 der 40 Mitgliedstaaten des Europarates das Übereinkommen unterzeichnet, und zwar mit Ausnahme der Türkei ohne einen Vorbehalt, wie er gemäß Art. 36 bei Unterzeichnung des Übereinkommens oder bei der Hinterlegung der Ratifikationsurkunde möglich ist (der Vorbehalt der Türkei betrifft Art. 20 Abs. 2 der Konvention). Vier Staaten (Griechenland, San Marino, die Slowakei und Slowenien) haben das Übereinkommen zudem bereits ratifiziert. Zum Inkrafttreten fehlt damit lediglich noch eine Ratifikation.

4 Text: DÄBl. 1997, A-1011; Übersicht und Kommentierung dazu bei Taupitz/Fröhlich, VersR 1997, 911 ff.

5 Siehe oben Fn. 1.

führt, welches Schutzkriterium für welches der zentralen Regelwerke überhaupt ein *ausdrücklich* angesprochenes Thema ist; dabei zeigen sich doch zum Teil recht erhebliche Unterschiede.

Entsprechend herkömmlicher Differenzierung habe ich dabei unterschieden zwischen dem *klinischen Versuch* (oder therapeutischem Versuch) auf der einen Seite und dem *wissenschaftlichen Experiment* (oder nicht-therapeutischem Versuch) auf der anderen Seite. Der klinische Versuch dient der Behandlung eines kranken Menschen, also eines Patienten, und unterscheidet sich von der „normalen Heilbehandlung" durch die Neuartigkeit der Maßnahme; in dieser Kombination „Behandlung eines Kranken" und „Neuartigkeit" stimmt der „klinische Versuch" mit dem „Heilversuch" überein: Es handelt sich um eine noch nicht erprobte, nicht etablierte Maßnahme, die aber - wie die „normale" Heilbehandlung - aufgrund einer patientenorientierten Therapieentscheidung durchgeführt wird. Hinzu tritt beim klinischen Versuch - insoweit im Unterschied zum individuellen Heilversuch - eine systematische, forschungsorientierte Auswertung der Ergebnisse. Der klinische Versuch - und erst recht der Heilversuch - fügt sich damit in die klassische Arztrolle ein, aufgrund derer der Arzt als *Helfer* vom *hilfsbedürftigen*, kranken Patienten in Anspruch genommen wird.

Beim wissenschaftlichen Experiment tritt dagegen der konkrete Nutzen für den Betroffenen in den Hintergrund. In allererster Linie geht es hier um die Fortentwicklung der medizinischen Wissenschaft. Die Maßnahme wird an einer gesunden Person durchgeführt oder an einer Person, die jedenfalls nicht konkret an jener Krankheit leidet, zu deren Erkennung, Verhütung oder Behandlung das Experiment durchgeführt wird. Hier ist es der Arzt, der als Bittsteller an den Probanden herantritt und ihn zur Teilnahme an einem dem Probanden nicht unmittelbar nutzenden Projekt zu bewegen versucht. Hier besteht deshalb auch in viel stärkerem Maße die Sorge, daß der Proband als Objekt mißbraucht wird, daß etwas mit ihm geschieht, das ihm nicht nützt (vielleicht sogar schadet) und seinem Willen letztlich nicht entspricht.

Dabei bezeichnen „klinischer Versuch" und „wissenschaftliches Experiment" richtigerweise Abschnitte auf einem Kontinuum, an dessen einem Pol das individuelle Wohl des Betroffenen und an dessen anderem Pol das (All-)Gemeinwohl steht. Zwischen diesen beiden Polen können weitere Abschnitte gekennzeichnet werden, z.B. - wie später darzulegen sein wird - der Versuch mit nur *möglichem* Eigennutzen für den Betroffenen oder der Versuch mit lediglich *gruppenspezifischem* Nutzen. Wichtiger als die genaue Festlegung oder Definition der jeweiligen Abschnitte ist der Umstand, daß je nach Nähe einer Maßnahme zu einem der beiden Pole unterschiedliche Anforderungen an den Versuch zu stellen sind. Dies betrifft z.B. die Risiko-Nutzen-Abwägung, die Möglichkeit des Rückgriffs auf die mutmaßliche Einwilligung oder die Frage, unter welchen Voraussetzungen auch nicht-einwilligungsfähige Personen in die Forschung einbezogen werden dürfen. Hierauf werde ich später noch genauer eingehen.

Zunächst bleibt festzuhalten, daß die Unterscheidung zwischen therapeutischer und rein wissenschaftlicher Forschung (klinischer und nicht-klinischer Forschung) unterschiedliche Abwägungskriterien bedingt, die denn auch die Diskussion der Ethikkommission in der Regel grundlegend prägt und sie in die jeweilige Richtung lenkt.

Unter Aspekten des Patientenschutzes wird es gelegentlich als problematisch angesehen, daß die Schutzvorschriften der § 40 ff. AMG dann nicht anwendbar sind, wenn kein Erkenntnisgewinn über den Einzelfall hinaus erstrebt wird, wenn also ein *individueller Heilversuch* vorliegt. Insoweit greifen allerdings auf jeden Fall die allgemeinen Regeln über die Zulässigkeit einer *ärztlichen Behandlung* ein, so daß insbesondere eine Einwilligung des betroffenen Patienten nach ausreichender Aufklärung erforderlich ist[6]. Richtigerweise ist zudem nach Sinn und Zweck des AMG und unter Berücksichtigung der Grundsätze über die Rechtsumgehung jedenfalls dann von einer dem AMG unterliegenden Maßnahme auszugehen, wenn ein Arzt bzw. Forscher mehrere im wesentlichen gleichartige Maßnahmen durchführt oder durchzuführen beabsichtigt. Davon ist beim ersten Mal vielleicht noch nicht auszugehen, während beim zweiten Mal schon eine gewisse Wahrscheinlichkeit dafür spricht und beim dritten Mal eine besondere Begründung gegeben werden müßte, daß es sich noch immer um einen Einzelfall handelt.

Übersichtsmäßig lassen sich die von den verschiedenen Regelwerke thematisierten Schutzkriterien wie folgt darstellen:

Schutzkriterien bei Forschung mit Einwilligungsfähigen im AMG, MPG, der Revidierten Deklaration von Helskinki (RDH) und der Menschenrechtskonvention zur Biomedizin des Europarates (MRK)

	Klinischer Versuch	Wiss. Experiment
Nutzen-Risiko-Abwägung	AMG § 41 Nr. 1 MPG § 18 Nr. 1 RDH Ziff. I, 4, 5; II, 2 MRK Art. 16 ii)	AMG § 40 I S. 1 Nr. 1 MPG § 17I Nr. 1; RDH Ziff. I, 4; III, 4 MRK Art. 16 ii)
Einwilligung nach Aufklärung	AMG §§ 40 I S. 1 Nr. 2, 41 Nr. 3-6 MPG §§ 17 I Nr. 2, 18 Nr. 2-4 RDH Ziff. I, 9 MRK Art. 16 v) iVm Art. 5	AMG § 40 I S. 1 Nr. 2 MPG § 17 I Nr. 2 RDH Ziff. III, 2 MRK Art. 16 v) iVm Art. 5
Mutmaßliche Einwilligung	AMG § 41 Nr. 5, 7 MPG § 18 Nr. 5 RDH Ziff. II, 5 MRK Art. 8	AMG --- MPG --- RDH --- MRK ---

6 Dabei sind die Anforderungen an die Aufklärung beim Heilversuch im Vergleich zur Standardbehandlung sogar besonders hoch.

	Klinischer Versuch	Wiss. Experiment
Einwilligung jederzeit widerruflich	AMG §§ 40 II S. 2, 41 Nr. 5 MPG §§ 17 II S. 2, 18 Nr. 3 RDH Ziff. I, 9 MRK Art. 5 III	AMG § 40 II S. 2 MPG § 17 II S. 2 RDH Ziff. I, 9 MRK Art. 5 III
Aufklärung über Rechte	AMG --- MPG --- RDH Ziff. I, 9 MRK Art. 16 iv)	AMG --- MPG --- RDH Ziff. I, 9 MRK Art. 16 iv)
Ablehnung darf Arzt-Patienten-beziehung nicht beeinträchtigen	AMG --- MPG --- RDH Ziff. II, 4 MRK ---	AMG --- MPG --- RDH --- MRK ---
Besonderer Schutz bei möglichem Abhängigkeit-verhältnis	AMG § 40 I S. 1 Nr. 3 MPG § 17 I Nr. 3 RDH[7] Ziff. I, 10 MRK ---	AMG § 40 I S. 1 Nr. 3 MPG § 17 I Nr. 3 RDH Ziff. I, 10 MRK ---
Votum einer Ethikkommission	AMG § 40 I S. 2-4 MPG § 17 VI, 7 RDH Ziff. I, 2 MRK Art. 16 iii)	AMG § 40 I S. 2-4 MPG § 17 VI, 7 RDH Ziff. I, 2 MRK Art. 16 iii)
Versuchsprotokoll Prüfplan	AMG § 40 I S. 1 Nr. 6 MPG § 17 I Nr. 8 RDH Ziff. I, 2, 12 MRK ---	AMG § 40 I S. 1 Nr. 6 MPG § 17 I Nr. 8 RDH Ziff. I, 2, 12 MRK ---
Qualifikation des Prüfarztes	AMG § 40 I S. 1 Nr. 4 MPG § 17 I Nr. 4 RDH Ziff. I, 3 MRK ---	AMG § 40 I S. 1 Nr. 4 MPG § 17 I Nr. 4 RDH Ziff. I, 3 MRK ---
Behördliches Verfahren	AMG § 40 I S. 1 Nr. 6 MPG § 17 VI RDH --- MRK ---	AMG § 40 I S. 1 Nr. 6 MPG § 17 VI RDH --- MRK ---
Vorherige Sicherheitsprüfung	AMG § 40 I S. 1 Nr. 5 MPG § 17 I Nr. 5, 6 RDH --- MRK ---	AMG § 40 I S. 1 Nr. 5 MPG § 17 I Nr. 5, 6 RDH --- MRK ---
Probandenver-sicherung	AMG § 40 I S. 1 Nr. 8; III MPG § 17 I Nr. 9; III RDH --- MRK ---	AMG § 40 I S. 1 Nr. 8 III MPG § 17 I Nr. 9; III RDH --- MRK ---

[7] Die Einwilligung sollte von einem Arzt eingeholt werden, der mit dem Versuch nicht befaßt ist und außerhalb eines etwaigen Abhängigkeitsverhältnisses steht.

	Klinischer Versuch	Wiss. Experiment
Pflicht zum Abbruch in Gefahrensituation/ Hinweis an Ethik-kommission	AMG § 40 I S. 3 MPG --- RDH Ziff. I, 7 MRK ---	AMG § 40 I S. 3 MPG --- RDH Ziff. III, 3 MRK ---
Wahrung von Unversehrtheit der Privatsphäre	AMG --- MPG --- RDH Ziff. I, 6 MRK Art. 10 I	AMG --- MPG --- RDH Ziff. I, 6 MRK Art. 10 I
Veröffentlichungs-verbot bei unzulässigen Versuchen	AMG --- MPG --- RDH Ziff. I, 8 MRK ---	AMG --- MPG --- RDH Ziff. I, 8 MRK ---
Ethische Erwägungen im Versuchsprotokoll	AMG --- MPG --- RDH Ziff. I, 12 MRK ---	AMG --- MPG --- RDH Ziff. I, 12 MRK ---
Keine Alternative zur Forschung am Menschen	AMG --- MPG --- RDH --- MRK Art. 16 i)	AMG --- MPG --- RDH --- MRK Art. 16 i)

Anmerkungen und Erläuterungen:

Mit unterschiedlichen Formulierungen verlangen alle Regelwerke eine Nutzen-Risiko-Abwägung. Im AMG und MPG heißt es, daß die Risiken, die mit der klinischen Prüfung für den Betroffenen verbunden sind, gemessen an der voraussichtlichen Bedeutung des Arzneimittels für die Heilkunde „ärztlich vertretbar" sein müssen. Die Menschenrechtskonvention verlangt, daß die möglichen Risiken für die Versuchsperson nicht „im Mißverhältnis" zum möglichen Nutzen der Forschung stehen. Beides verbindend wird man wohl sagen können, daß Risiken, die im Mißverhältnis zum möglichen Nutzen der Forschung stehen, auch nicht ärztlich vertretbar sind. Fraglich ist aber, ob die ärztliche Vertretbarkeit nicht schon *unterhalb* der Schwelle des *Mißverhältnisses* endet. Immerhin verlangt die Revidierte Deklaration von Helsinki - die übrigens nicht von den Risiken ausgeht, sondern umgekehrt von der Bedeutung des Versuchsziels - daß ein „angemessenes Verhältnis" zwischen Versuchsziel und Risiko für die Versuchsperson besteht. Aus der Diskussion um die Kontrolle von Allgemeinen Geschäftsbedingungen wiederum wissen wir, daß die gerichtliche Kontrolle auf „Angemessenheit" ein deutlich schärferes Schwert ist als die bloße Kontrolle auf *Un*angemessenheit oder auf ein *Mißverhältnis*. Deshalb kann man durchaus argumentieren, daß das AMG, das MPG und die Deklaration von Helsinki übereinstimmend nur ein „angemessenes Verhältnis" zwischen Versuchsziel und Risiken als ärztlich vertretbar zulassen, während die Menschenrechtskonvention, die auf ein „Mißverhältnis" abstellt, ein demgegenüber niedrigeres Schutzniveau beinhaltet.

Neben der objektiven Nutzen-Risiko-Abwägung verlangen alle Regelwerke zu Recht die Einwilligung des Betroffenen - sicher das zentrale Kriterium zur Wahrung des verfassungsrechtlich geschützten Selbstbestimmungsrechts des Betroffenen. Erstaunlicherweise sieht aber ein Vorschlag der American Medical Association (AMA) für eine Neufassung der Deklaration von Helsinki vor, daß das nationale Recht vorsehen können soll, die Ethikkommission vom Erfordernis der Einwilligung zu befreien, wenn es der medizinische Zustand des Betroffenen voraussichtlich nicht erlaubt, die Einwilligung einzuholen. Hier bleibt äußerst unklar, wann, wie es heißt, der medizinische Zustand das Einholen der Einwilligung nicht erlaubt. Die geschäftsunfähigen Personen werden jedenfalls in anderem Zusammenhang erwähnt, wobei hier - zu Recht - die Einwilligung des gesetzlichen Vertreters verlangt wird. Die bisherige Fassung der Revidierten Deklaration erlaubt es dem Arzt zwar auch, auf die Einwilligung nach Aufklärung zu verzichten, wenn der Arzt diesen Verzicht für unentbehrlich hält; dies gilt aber nur beim klinischen Versuch, nicht dagegen beim wiss. Experiment. Damit ist offenbar - wenn auch nicht sehr klar - die mutmaßliche Einwilligung ins Auge gefaßt, die ja auch nach anderen Regelwerken an die Stelle der vom Betroffenen erklärten Einwilligung treten kann, wenn es um einen dringenden und im Interesse des Betroffenen sachlich gebotenen ärztlichen Eingriff geht. Die grundlegende Unterscheidung zwischen klinischem Versuch und Experiment wiederum soll nach dem Vorschlag der AMA gerade aufgehoben werden, so daß sich in dem Vorschlag doch eine sehr bedenkliche Aushöhlung des Schutzes der Probanden eines wissenschaftlichen Experiments andeutet.

Interessant ist, daß zwar alle Regelwerke dem Betroffenen das Recht geben, die erteilte Einwilligung jederzeit zu widerrufen, daß aber das AMG und das MPG im Gegensatz zu den anderen Regelwerken nicht verlangen, daß der Betroffene auf diese Möglichkeit ausdrücklich hingewiesen wird. Nach der Menschenrechtskonvention muß der Betroffene darüber hinaus sogar über die von der Rechtsordnung zu seinem Schutz vorgesehenen Sicherheitsmaßnahmen unterrichtet werden, eine Regelung, die in die gleiche Richtung geht wie der Vorschlag, die Patientenrechte in einer Patientenrechtscharta niederzulegen und dem Patienten bzw. Probanden vor Beginn der Maßnahme auszuhändigen[8].

Unter dem Stichwort „Besonderer Schutz bei möglichem Abhängigkeitsverhältnis" ist nach AMG und MPG die strikte Unzulässigkeit von Forschung an Untergebrachten zu verstehen[9], nach der Deklaration von Helsinki dagegen die

8 Sachverständigenrat für die Konzertierte Aktion im Gesundheitswesen, Jahresgutachten 1992, S. 111 f.

9 Richtigerweise ist diese Vorschrift teleologisch restriktiv zu interpretieren bei klinischen Versuchen, soweit keine etablierte Therapie besteht.

allgemeine Forderung, daß der Arzt beim Einholen der Einwilligung besondere Vorsicht walten lassen soll, wenn die Versuchsperson vom Arzt abhängig ist oder die Zustimmung möglicherweise unter Druck erfolgte. In einem solchen Fall soll die Einwilligung durch einen Arzt eingeholt werden, der mit dem Versuch nicht befaßt ist und der außerhalb eines etwaigen Abhängigkeitsverhältnisses steht.

Zum erforderlichen Votum einer Ethikkommission gäbe es, wie Sie wissen, viel zu sagen. Unterschiede bestehen zwischen AMG und MPG in der Frage, ob das Votum irgendeiner Ethikkommission genügt - so das MPG - oder ob es sich um das Votum einer nach Landesrecht gebildeten Ethikkommission handeln muß - so das AMG -. Unterschiede bestehen ferner darin, ob ein zustimmendes Votum erforderlich ist - so AMG, MPG - oder ob ein Votum an sich, also auch ein beratendes Votum mit ablehnendem Inhalt ausreicht - so die Deklaration von Helsinki (und übrigens auch die Musterberufsordnung). Interessant ist ferner, daß ein Versuch nach AMG und MPG auch ohne zustimmendes Votum der Ethikkommission begonnen werden kann, wenn die zuständige Bundesoberbehörde dem nicht innerhalb von 60 Tagen nach Eingang der Unterlagen widersprochen hat[10], wobei dieser Widerspruch nach dem AMG offenbar nicht begründet werden zu werden braucht, während der Widerspruch nach dem MPG begründet werden muß und dabei zudem nur auf Gründe der öffentlichen Gesundheit oder der öffentlichen Ordnung gestützt werden kann. In der Menschenrechtskonvention wiederum ist eine sehr undeutliche Regelung enthalten. Hier heißt es, daß die zuständige Stelle das Forschungsvorhaben gebilligt haben muß, nachdem eine unabhängige Prüfung seinen wissenschaftlichen Wert einschließlich der Wichtigkeit des Forschungsziels bestätigt hat und eine interdisziplinäre Prüfung ergeben hat, daß es ethisch vertretbar ist. Sieht man genau hin, ist hier nur eine unabhängige und interdisziplinäre *Prüfung* sowie eine *Billigung* erforderlich; nichts gesagt ist dagegen zur Funktion und Stellung der prüfenden und ggf. billigenden Institution. Die Prüfung und ggf. Billigung kann somit offenbar auch von und in einer Behörde erfolgen - wie es in Frankreich vorgesehen ist - , so daß eine Kontrolle von seiten einer institutionellen Selbstkontrollkommission der Wissenschaft - wie wir unsere Ethikkommissionen trotz ihres behördennahen Charakters verstehen - nicht gefordert ist. Hinzuweisen ist schließlich darauf, daß durch die 8. Novelle des AMG von 1998 nunmehr im Anwendungsbereich des AMG bei multizentrischen Studien nur noch eine einzige Ethikkommission eingeschaltet werden muß, nämlich diejenige, die für den Leiter der klinischen Prüfung zuständig ist (§ 40 Abs. 1 S. 1 Nr. 6 AMG)[11]. Damit wurde eine erst 1995 in das Gesetz aufgenommenen probandenschützende Regelung beseitigt, wonach Ethik-Kommissionen an allen Orten, an denen eine klinische Studie durchgeführt wurde, der

10 Unberührt bleibt selbstverständlich die *berufsrechtliche* Pflicht des *Arztes*, sich vor Durchführung der Forschungsmaßnahme von seiner zuständigen Ethikkommission beraten zu lassen, s. oben Fn. 1.

11 Im MPG hieß es schon bisher, daß bei multizentrischen Studien ein Votum genügt.

geplanten Prüfung zustimmen mußten. Nur unvollkommen wird diese Änderung durch das ärztliche Standesrecht ausgeglichen, wonach sich jeder Arzt vor der Durchführung biomedizinischer Forschung am Menschen durch die für ihn zuständige Ethikkommission beraten lassen muß. Zum einen erfaßt das ärztliche Standesrecht nur Ärzte, nicht aber andere Berufsangehörige[12]. Zum anderen wird lediglich eine Beratung, nicht aber ein zustimmendes Votum der Ethikkommission verlangt.

Die weiteren in der Übersicht aufgeführten Kriterien möchte ich aus Zeitgründen nur überfliegen. Besonders wichtig erscheint mir die Probandenversicherung, die bisher nur vom AMG und MPG verlangt wird, lege ferenda aber auch bei Forschungsvorhaben außerhalb des AMG und MPG verlangt werden sollte. Interessant ist ferner ein Unterschied zwischen AMG und MPG bezüglich des Verhaltens bei schwerwiegenden und unerwarteten Ereignissen. Hier verlangt das AMG eine Mitteilung an die Ethikkommission, während das MPG eine solche Pflicht nicht enthält. In Konkretisierung der Risiko-Nutzen-Abwägung verlangt die Deklaration von Helsinki den Abbruch des Versuchs, sobald sich herausstellt, daß das Wagnis den möglichen Nutzen übersteigt.

Von Bedeutung ist ferner, daß nur die Deklaration von Helsinki und die Menschenrechtskonvention ausdrücklich den Schutz der Privatsphäre ansprechen - AMG und das MPG setzen möglicherweise unausgesprochen den ergänzenden Schutz des detaillierten deutschen Datenschutzrechts voraus -, daß nur die Deklaration von Helsinki verlangt, daß Berichte über Versuche, die nicht in Übereinstimmung mit den in der Deklaration niedergelegten Grundsätzen durchgeführt wurden, nicht zur Veröffentlichung angenommen werden sollten, und daß schließlich nur die Menschenrechtskonvention verlangt, daß Versuche an einer Person nur dann durchgeführt werden sollen, wenn es keine Alternative von vergleichbarer Wirksamkeit zur Forschung am Menschen gibt.

III. Das Zusammenwirken verschiedener Schutzkriterien

Grundlegend für das Verständnis aller Regelwerke ist, daß stets eine Reihe von Schutzkriterien kumulativ zusammenwirkt. Es hat also nicht ein einzelnes Kriterium für sich allein die gesamte Rechtfertigungslast zu tragen, sondern es findet eine *Aufgabenverteilung* zwischen verschiedenen Kriterien statt. Dabei können in einer groben Dreiteilung einerseits objektive Gesichtspunkte, andererseits solche, die auf das individuelle Selbstbestimmungsrecht des Betroffenen ausgerichtet sind, und drittens verfahrensförmige Sicherungen unter-

12 Ganz allgemein wird eine Ausdehnung der Pflicht zur Beratung durch eine Ethikkommission vor Durchführung von Forschungsvorhaben über den Anwendungsbereich des AMG und MPG hinaus auch für nicht-ärztliche Berufe gefordert, etwa für Psychologen, Toxikologen und Pflegeberufe.

schieden werden. Zu den objektiven Kriterien gehören z.B. die Nutzen-Risiko-Abwägung, das Verbot der Einbeziehung von Untergebrachten sowie Anforderungen an die Qualifikation des Prüfleiters. Auf das individuelle Selbstbestimmungsrecht ausgerichtet ist dagegen das Erfordernis der Einwilligung des Betroffenen, bei Einwilligungsunfähigen das Erfordernis der Einwilligung des gesetzlichen Vertreters in Abhängigkeit von Willensbekundungen des Betroffenen sowie die Beachtlichkeit ablehnenden Verhaltens des einwilligungsunfähigen Betroffenen selbst. Bei den verfahrensförmigen Sicherungen schließlich geht es um die Einbeziehung unabhängiger Dritter, insbesondere durch das Erfordernis eines zustimmenden Votums der zuständigen Ethikkommission oder durch die Pflicht zur Vorlage der Unterlagen bei der zuständigen Bundesoberbehörde.

Das Zusammenwirken so verschiedenartiger Schutzkriterien ist in mehrfacher Hinsicht von großer Bedeutung. Ich möchte insoweit sieben - sich überschneidende - Funktionen herausstellen, und zwar wiederum zunächst in Form einer Übersicht:

Kumulatives Zusammenwirken verschiedener Schutzmechanismen

1. Ergänzungsfunktion

Abdeckung unterschiedlicher Schutzbedürfnisse

Z.B. **vorwirkender** Schutz der körperlichen Integrität durch objektive Nutzen-Risiko-Abwägung wird flankiert und ergänzt durch **nachträglichen** Schutz in Form finanzieller Absicherung (Schadensersatz, Versicherung, Aufopferungsentschädigung).

Zugleich **Vorwirkung** des **nachträglichen** Schutzes: Prävention durch Sanktion (Strafe, Schadensersatz, Veröffentlichungsverbot)

2. Realisierungsfunktion:

Verwirklichung des von anderen Kriterien erstrebten Schutzes

Z.B. Aufklärung über Rechte; Aufklärung vor Einwilligung; Hinweis an Ethikkommission bei schwerwiegenden oder unerwünschten Ereignissen; Sanktionierung von Fehlverhalten

3. Verstärkungsfunktion:

Verstärkung des Schutzes bestimmter Bedürfnisse

Z.B. Schriftform der Einwilligung; Pflicht zum Abbruch in Gefahrensituation neben Nutzen-Risiko-Abwägung

4. Sicherungsfunktion:

Gegenseitige Absicherung vor unzureichender Gefahrsteuerung

Z.B. objektive Kriterien (auch) zum Schutz des Probanden vor sich selbst; Hinweis an Ethikkommission bei schwerwiegenden oder unerwünschten Ereignissen

5. Kontrollfunktion:

Gegenseitige Kontrolle vor Mißbrauch

Z.B. behördliches Verfahren neben Verfahren vor Ethikkommission

6. Erinnerungs- und Bewußtmachungsfunktion

Z.B. Ethische Erwägungen im Versuchsprotokoll

7. Beweissicherungsfunktion

Z.B. Schriftform der Einwilligung; Versuchsprotokoll / Prüfplan

Anmerkungen und Erläuterungen:

Das Zusammenwirken der verschiedenen Schutzkriterien beinhaltet eine *Aufgabenverteilung*, und zwar zum einen in dem Sinne, daß *unterschiedliche Schutzbedürfnisse* durch Absicherung unterschiedlicher Gefahren adäquat erfaßt werden können, das Zusammenwirken also eine *Ergänzungsfunktion* hat: Vorwirkender Schutz der körperlichen Integrität durch eine objektive Nutzen-Risiko-Abwägung muß beispielsweise flankiert und ergänzt werden durch *nachträglichen* Schutz in Form einer finanziellen Absicherung im Schadensfall, etwa durch Schadensersatz, durch eine Versicherung oder Aufopferungsentschädigung. Zugleich trägt umgekehrt mancher vordergründig erst *nachträglich* wirkende Schutz, etwa in Gestalt der Sanktionierung schädigenden Verhaltens durch Strafe oder Schadensersatz, auch dazu bei, daß der vorwirkende Schutz überhaupt effektiv wird, daß die vorwirkenden Schutzkriterien vom Arzt und Forscher ernst genommen werden. Denn die beste Norm ist wenig wert, wenn ihre Einhaltung nicht kontrolliert und ihre Verletzung nicht sanktioniert werden kann. „Prävention durch Sanktion" oder genauer „Prävention durch glaubhafte Sanktionsdrohung" kann man dieses Zusammenwirken von vor- und nachwirkendem Schutz charakterisieren. Das Zusammenwirken von vor- und nachwirkendem Schutz zeigt sich übrigens sehr deutlich auch in dem Verbot einer Veröffentlichung bei unzulässigen Versuchen. Denn vordergründig könnte man argumentieren, daß es dem Probanden nicht mehr schadet, wenn die Ergebnisse des an sich unzulässigen Versuchs, der aber nun einmal geschehen ist, im

Interesse der Wissenschaft auch anderen Wissenschaftlern zugänglich gemacht wird. Hinter dem Veröffentlichungsverbot steht also ausschließlich das Anliegen, von vornherein den Anreiz zu einer imagefördernden Veröffentlichung der Ergebnisse zu verhindern.

Das Zusammenwirken verschiedener Schutzkriterien dient zum zweiten der besseren Verwirklichung, der Effektuierung des von anderen Kriterien erstrebten Schutzes; man kann hier von der *Realisierungsfunktion* sprechen. Z.B. ist die Aufklärung über gewährte Rechte nicht selten Voraussetzung dafür, daß die Rechte überhaupt wahrgenommen werden können; die Aufklärung vor Einwilligung ermöglicht erst eine eigenverantwortliche und nicht nur formale Einwilligung; der Hinweis an die Ethikkommission bei schwerwiegenden oder unerwünschten Ereignissen ermöglicht ihr erst eine begleitende Kontrolle des Forschungsvorhabens.

Zum dritten kann man die *Verstärkungsfunktion* herausstellen, indem etwa die Schriftform der Einwilligung (neben der später zu erwähnenden Beweissicherungsfunktion) auch die Aufgabe hat, die *Bedeutung* der Einwilligung deutlich machen und vor Übereilung zu schützen. Die ausdrücklich genannte Pflicht zum Abbruch in Gefahrensituationen konkretisiert und verstärkt die Pflicht zur Vornahme einer Nutzen-Risiko-Abwägung.

Viertens möchte ich die *Sicherungsfunktion* nennen: Bestimmte Kriterien haben u.a. die Aufgabe, andere Kriterien vor unzureichender Gefahrsteuerung abzusichern, so daß im Zusammenwirken eine wechselseitige Kompensation von Schutzdefiziten ermöglicht wird. Beispielsweise kann die Rechtsordnung ein Forschungsvorhaben nicht allein von der Zustimmung des Probanden abhängig machen, da ein Proband u.U. auch vor sich selbst, z.B. seiner eigenen Unvernunft, seiner Selbsttäuschung oder verzweifelten Hoffnung geschützt werden muß. Es muß also auch objektive oder „externe“ Kriterien geben, die selbst das hochrangige, verfassungsrechtlich geschützte Selbstbestimmungsrecht des Menschen nicht übersteigen kann. Aus diesem Blickwinkel ist die individuelle Einwilligung *notwendige*, aber nicht *hinreichende* Bedingung für die Zulässigkeit des Versuchs. Der Patientenautonomie unlimitierte Bedeutung beizumessen (etwa nach dem Motto: Wenn sich der frei verantwortliche Mensch durch die Teilnahme z.B. an Autorennen in Lebensgefahr begeben darf, warum soll er dann nicht frei verantwortlich an einem lebensgefährlichem medizinischen Versuch teilnehmen dürfen?), ist auch deshalb nicht sachgerecht, weil der Patient bzw. Proband in der Regel gerade nicht aus eigenem Antrieb die „Gefahr“ eines medizinischen Versuchs „sucht“. Vielmehr geht die Initiative in der Regel vom Arzt bzw. Forscher aus. Aufgrund dessen und vor allem aufgrund der professionellen Autorität des Arztes / Forschers gerät der Patient / Proband in eine Situation, in der für ihn die *Begründungslast* im Grunde *größer* ist, wenn er *nicht* an der ihm angesonnenen Forschung teilnehmen möchte, als wenn er ihr zustimmt. Deshalb muß der Patient stärker als in anderen Situationen „vor sich selbst“, also durch

Beschränkung seiner „positiven Autonomie" geschützt werden (letztlich natürlich „vor der Gefahr selbst" und wenn man so will „vor dem Arzt / Forscher"), wobei eine Beschränkung der „negativen Autonomie", nämlich der Freiheit, „nein" zu sagen und eine Teilnahme an der Forschung zu verweigern, unter keinem Aspekt in Betracht kommen kann.

Eine unlimitierte Bedeutung der (positiven) Patientenautonomie, die nicht durch objektive oder externe Kriterien flankiert und begrenzt wird, ist auch deshalb nicht sachgerecht, weil nicht selten auch überindividuelle Werte eine Rolle spielen, so wie beispielsweise die Würde des Menschen überwiegend (auch) als objektivrechtliches Gut angesehen wird, das nur in beschränktem Ausmaß zur individuellen Disposition steht. Auf einfachgesetzlicher Ebene stellt beispielsweise § 228 StGB die Körperverletzung selbst dann unter Strafe, wenn der Verletzte in die Verletzung eingewilligt hat, und zwar dann, wenn die Verletzung trotz der Einwilligung gegen die (gerade auch überindividuell verstandenen) „guten Sitten" verstößt.

Das Zusammenwirken verschiedener Schutzkriterien beinhaltet ferner eine wechselseitige *Kontrolle*, indem den Gefahren eines Mißbrauchs bezüglich *eines* Kriteriums durch die Schutzmechanismen eines anderen Kriteriums (jedenfalls zum Teil) begegnet werden kann. Beispielsweise wird oft argumentiert, daß die Einwilligung des gesetzlichen Vertreters zu Forschungsmaßnahmen bei Einwilligungsunfähigen ein nur sehr schwaches Schutzkriterium darstelle, da der gesetzliche Vertreter vom Arzt überrumpelt oder regelrecht überredet werden könne, seine Zustimmung zu geben, die Tragweite seiner Einwilligung u. U. nicht überblicke, vielleicht sogar desinteressiert und gleichgültig sei. Zwar sehe ich diese Gefahren als nicht so gravierend an - immerhin muß die Rechtsordnung doch wohl prinzipiell Vertrauen in die Integrität des gesetzlichen Vertreters und in die Sachgerechtigkeit seiner Entscheidungen haben können; sieht man dies anders, wird man den Eltern kaum noch ein umfassendes Erziehungs- und Fürsorgerecht geben können, dessen Mißbrauch in der Regel sehr viel mehr Schaden anrichten kann als die „mißbräuchliche" Zustimmung zu einem wenig risikoreichen Forschungseingriff. Aber ganz von der Hand zu weisen ist eine entsprechende Mißbrauchsgefahr natürlich nicht. Und in der Tat gilt bezogen auf Forschungsmaßnahmen ja nicht von ungefähr, daß hier neben der Einwilligung des gesetzlichen Vertreters auch noch die Zustimmung der Ethikkommission verlangt wird und nach dem AMG und dem MPG die Unterlagen bei der zuständigen Bundesoberbehörde vorgelegt sein müssen, um ihr eine unabhängige Prüfung zu ermöglichen. Zudem errichten eine Reihe von objektive Kritierien - wie bereits bemerkt - Schranken, die auch die Zustimmung des gesetzlichen Vertreters nicht überschreiten kann.

Zudem möchte ich erwähnen die *Erinnerungs- und Bewußtmachungsfunktion* - das Erfordernis, die ethischen Überlegungen im Zusammenhang mit der Durchführung des Versuchs im Versuchsprotokoll darzulegen und damit aufzuzeigen, daß die maßgeblichen Schutzkriterien eingehalten wurden, dient insbesondere auch dazu, eine verantwortliche Selbstreflektion des Forschers herbeizuführen - und schließlich die schon angesprochene *Beweissicherungsfunktion*.

Das damit aufgezeigte kumulative Zusammenwirken sehr verschiedener Schutzmechanismen kann aus meiner Sicht nicht deutlich genug betont werden. Gerade in den Diskussionen der vergangenen Monate um die Menschenrechtskonvention zur Biomedizin hat sich nämlich immer wieder gezeigt, daß sich Kritik vor allem an einzelnen Kriterien entzündete und das *Zusammenspiel* vollkommen außer Betracht gelassen wurde. Es wurde z.B. argumentiert, daß das Erfordernis eines zustimmenden Votums einer Ethikkommission doch ein sehr schwaches Schutzkriterium sei, weil hier Wissenschaftskollegen tätig seien, die dem Forscher aus Kollegialität schon nichts verbauen wollten. Dem ist jedoch entgegenzuhalten, daß das Erfordernis des Votums einer Ethikkommission nur *ein* Baustein von vielen ist, ein Vorhaben nur dann zulässig ist, wenn *alle* kumulativ zusammenwirkenden Kriterien erfüllt sind und gerade durch dieses Zusammenwirken ein Mißbrauch doch zumindest ganz erheblich erschwert ist. Das gleiche gilt für den angeblich zu geringen Schutz des einwilligungsunfähigen Patienten durch das Erfordernis der Einwilligung seines gesetzlichen Vertreters, von dem ich schon gesprochen habe. Auch insoweit muß man den Kritikern entgegenhalten, daß die Einwilligung des gesetzlichen Vertreters keineswegs das einzige Schutzkriterium darstellt, daß vielmehr eine ganze Reihe von objektiven und verfahrensförmigen Sicherungen zusammenwirken.

IV. Forschung mit Einwilligungsunfähigen

Besonders brisant und umstritten ist die Frage der Forschung mit Personen, die nicht einwilligungsfähig sind. Gerade hier tritt der Unterschied zwischen klinischem Versuch und wissenschaftlichem Experiment besonders deutlich hervor. Vor allem im Anschluß an die Menschenrechtskonvention und die Stellungnahme der Zentralen Ethikkommission ist hier die Kategorie des Experiments aus dem Blickwinkel des möglichen Eigennutzens für den Betroffenen sogar noch weiter aufzugliedern. Unterschiedliche Vorausetzungen (bzw. Verbote) gelten für Experimente mit möglichem Eigennutzen für den Betroffenen selbst einerseits und für solche Experimente andererseits, die zwar voraussichtlich nicht dem Betroffenen selbst nützen, immerhin aber Personen nützen können, die sich in der gleichen Altersgruppe befinden oder von der gleichen Krankheit oder Störung betroffen sind. Daneben stehen Experimente, die rein fremdnützige Forschung darstellen und die nach allen Regelwerken grundsätzlich verboten sind.

Wesentlich ist zudem, daß die nachfolgend dargestellten Kriterien zum Schutz nicht einwilligungsfähiger Personen *ergänzend* zu jenen (vorstehend aufgezeigten) Schutzkriterien treten, die für die Forschung mit einwilligungsfähigen Patienten und Probanden gelten.

Ergänzende Regeln zur Forschung mit Nichteinwilligungsfähigen im AMG, MPG, der Revidierten Deklaration von Helsinki (RDH), der Menschenrechtskonvention zur Biomedizin des Europarates (MRK) und der Stellungnahme der Zentralen Ethikkommission (ZEK)

	Klinischer Versuch	Experiment mit möglichem Eigennutzen für den Betroffenen	Experiment mit gruppenspezifischem Nutzen
Grundsätzliche Zulässigkeit bei Erwachsenen	AMG § 41 Nr. 3 MPG § 18 Nr. 2 RDH Ziff. I, 11 MRK Art. 17 ZEK Ziff. I, 1	AMG --- MPG --- RDH Ziff. I, 11 MRK Art. 17 Abs. 2 i) ZEK Ziff. I, 2	AMG --- MPG --- RDH Ziff. I, 11 MRK Art. 17 Abs. 2 ii) ZEK Ziff. I, 3
Grundsätzliche Zulässigkeit bei Minderjährigen	AMG § 41 Nr. 3 MPG § 18 Nr. 2 RDH Ziff. I, 11 MRK Art. 17 ZEK Ziff. I, 1	AMG § 40 Abs. 4 MPG § 17 Abs. 4 RDH Ziff. I, 11 MRK Art. 17 Abs. 2 i) ZEK Ziff. I, 2	AMG --- MPG --- RDH Ziff. I, 11 MRK Art. 17 Abs. 2 ii) ZEK Ziff. I, 3
Dabei: Beschränkung auf Diagnostika / Prophylaktika	AMG --- MPG --- RDH --- MRK ---	AMG § 40 Abs. 4 Nr. 1 MPG § 17 Abs. 4 Nr. 1 RDH --- MRK --- ZEK ---	AMG entfällt* MPG entfällt* RDH --- MRK --- ZEK ---
Keine Alternative zur Forschung mit Nichteinwilligungsfähigen	AMG --- MPG --- RDH --- MRK Art. 17 Abs. 1 iii)	AMG § 40 Abs. 4 Nr. 3 MPG § 17 Abs. 4 Nr. 3 RDH --- MRK Art. 17 Abs. 1 iii) ZEK Ziff. III, 1. SpS	AMG entfällt* MPG entfällt* RDH --- MRK Ar. 17 Abs. 1 iii) ZEK Ziff. III, 1. SpS
Einwilligung des gesetzlichen Vertreters erforderlich	AMG § 41 Nr. 3 MPG § 18 Nr. 2 S.2 RDH Ziff. I, 11 MRK Ar. 17 Abs. 1 iv) Art. 6 Abs. 3	AMG § 40 Abs. 4 Nr. 4 MPG § 17 Abs. 4 Nr. 4 RDH Ziff. I, 11 MRK Art. 17 Abs. 1 iv) Art. 6 Abs. 3 ZEK Ziff. III, 4. SpS	AMG entfällt* MPG entfällt* RDH Ziff. I, 11 MRK Art. 17 Abs. 1 iv) Art. 6 Abs. 3 ZEK Ziff. III, 4. SpS

* entfällt, da stets unzulässig

	Klinischer Versuch	Experiment mit möglichem Eigennutzen für den Betroffenen	Experiment mit gruppenspezifischem Nutzen
Ausnahme: Mutmaßliche Einwilligung	AMG § 41 Nr. 5 S. 2 MPG § 18 Nr. 3 S. 3 RDH Ziff. II, 5 MRK Art. 8	AMG --- MPG --- RDH --- MRK --- ZEK ---	AMG entfällt* MPG entfällt* RDH --- MRK --- ZEK ---
Schriftform der Einwilligung	AMG --- MPG --- RDH --- MRK Art. 17 Abs. 1 iv)	AMG § 40 Abs. 4, Abs. 2 Nr. 2 MPG § 17 Abs. 4, Abs. 2 Nr. 2 RDH --- MRK Art. 17 Abs. 1iv) ZEK ---	AMG entfällt* MPG entfällt* RDH --- MRK Art. 17 Abs. 1 iv) ZEK ---
Kein Widerspruch des Nichteinwilligungsfähigen	AMG § 41 Nr. 3 MPG § 18 Nr. 2 RDH Ziff. I, 11 MRK Art. 17 Abs. 1 v)	AMG § 40 Abs. 4 Nr. 4 S. 2 MPG § 17 Abs. 4 Nr. 4 S. 2 RDH Ziff. I, 11 MRK Art. 17 Abs. 1 v) ZEK Ziff. III, 5. SpS	AMG entfällt* MPG entfällt* RDH Ziff. I, 11 MRK Art. 17 Abs. 1 iv) ZEK Ziff. III, 5. SpS
Nur minimales Risiko / minimale Belastung	AMG --- MPG --- RDH --- MRK ---	AMG --- MPG --- RDH --- MRK Art. 17 Abs. 2 ii) ZEK ---	AMG entfällt* MPG entfällt* RDH --- MRK Art. 17 Abs. 2 ii) ZEK Ziff. III, 7. SpS

* entfällt, da stets unzulässig

Anmerkungen und Erläuterungen:

Als vorrangiges Prinzip medizinischer Forschung gilt, daß die Entscheidung der Patienten und Probanden zur Teilnahme an medizinischer Forschung auf einer *freiwilligen* und *selbstverantwortlichen Einwilligung* beruhen muß. Ein Primat der Forschungs- oder Wissenschaftsfreiheit gegenüber den Grundrechten der Patienten und Probanden kann insbesondere nach den Erfahrungen der NS-Zeit nicht ernstlich erwogen werden. Soweit eine Person aufgrund Minderjährigkeit, Krankheit oder Unfalls in ihrer Einwilligungsfähigkeit eingeschränkt oder sogar völlig einwilligungsunfähig ist, sie also nicht in der Lage ist, eine wirksame Einwilligung in eine Forschungsmaßnahme zu erteilen, ist Forschung mit ihr denn auch grundsätzlich nicht zulässig.

Es gibt allerdings spezifische Krankheiten, an denen *nur* Einwilligungsunfähige leiden und die von daher auch nur an diesen Einwilligungsunfähigen erforscht werden können. Zu diesen spezifischen und bisher nicht ausreichend behandelbaren Krankheiten Einwilligungsunfähiger gehören solche, die ihrerseits zum Verlust der Einwilligungsfähigkeit der davon betroffenen Patienten führen, wie etwa Demenzen, Schlaganfall, Suchterkrankungen und andere schwere seelische Störungen. Zu nennen sind aber auch Kinderkrankheiten, die eben nur an Kindern erforscht werden können, wie etwa bestimmte Leukämiererkrankungen oder der körperlich bedingte Sauerstoffmangel bei Frühgeborenen. Schließlich sind viele Intensivpatienten, deren Vitalfunktionen (etwa nach einem Unfall) massiv verändert sind und deren Blut-, Herz-Kreislauf- und Stoffwechselparameter nicht mit denen anderer Patienten vergleichbar sind, bewußtlos, also einwilligungsunfähig. Aus diesem Blickwinkel stellt sich die Frage, ob klinische Forschung mit nichteinwilligungsfähigen Personen *ausnahmslos* untersagt ist mit der Konsequenz, daß man damit zugleich bewußt auf Fortschritte in der Erkennung und Behandlung ihrer spezifischen Krankheiten verzichtet.

Während klinische Versuche wegen des möglichen individuellen Nutzens zumindest *auch* im objektiven Interesse der in die Forschung Einbezogenen liegen, gilt dies für wissenschaftliche Experimente nicht. Sie werden deshalb allenfalls dann (und zwar unter zusätzlichen engen Voraussetzungen) als zulässig angesehen, wenn sie entweder dem Betroffenen selbst wenigstens *mittelbar* nützen können (sei es im weiteren Verlauf seiner Krankheit, sei es bei einem späteren Wiederauftreten der Krankheit) oder aber zumindest anderen Personen nützen, die sich in der gleichen Altersgruppe befinden oder von der gleichen Krankheit oder Störung betroffen sind.

Hinter der - allerdings umstrittenen - Zulässigkeit wissenschaftlicher Experimente mit gruppenspezifischem Nutzen steht die ethische Überzeugung, einer Person geringfügige Risiken zumuten zu dürfen, wenn anderen damit eine große *und anders nicht erzielbare* Hilfe erwiesen werden kann. Zudem kann auch dem Grundgesetz keineswegs ein ausschließlich individualistisch und eigennützig ausgerichtetes Menschenbild entnommen werden, dem jeglicher Gedanke an Solidarität und Einbindung an die soziale Gemeinschaft fremd ist, und dessen Konsequenz wäre, daß ohne ausdrückliche Einwilligung per se nur das erlaubt wäre, was dem von der Maßnahme Betroffenen unmittelbar selbst nützt - ganz im Gegenteil hat das Bundesverfassungsgericht wiederholt hervorgehoben, daß das Grundgesetz die Spannung Individuum - Gemeinschaft im Sinne der Gemeinschaftsbezogenheit und Gemeinschaftsgebundenheit der Person entschieden habe, ohne dabei deren Eigenwert in Frage zu stellen[13]. Deshalb ist es nicht von vornherein ausgeschlossen, eine Maßnahme, die den von ihr Betroffenen nur gering belastet, selbst ohne dessen ausdrückliche Einwilligung dann zu erlauben, wenn damit anderen Personen der gleichen Betroffenengruppe eine große Hilfe erwiesen werden kann und dies nicht auf andere Weise (insbesondere durch Einbeziehung von einwilligungsfähigen Personen) erreichbar ist. Schließlich wird man gerade dem Selbstbestimmungsrecht des Menschen keineswegs dadurch gerecht, daß man jedem Menschen unterstellt, immer nur den Eigennutz zu wollen

---

13 BVerfGE 4, 7, 15 f.; 7, 320, 323; 8, 274, 329.

und die Nützlichkeit für andere abzulehnen[14]. Vielmehr trägt es dem Selbstbestimmungsrecht viel eher Rechnung, wenn man Anzeichen für mitmenschliche Solidarität ernst nimmt und ihnen auch rechtliche Bedeutung für die Frage der Zulässigkeit von Forschungsmaßnahmen zuerkennt. Dieser Aspekt kommt am deutlichsten in der Stellungnahme der Zentralen Ethikkommission zum Ausdruck. Danach ist Voraussetzung für eine gruppennützige Forschung mit Einwilligungsunfähigen, daß der gesetzliche Vertreter aus der Kenntnis der vertretenen Person (insbesondere ihrer früheren Lebenshaltung und -auffassung oder expliziter früherer Aussagen[15]) ausreichende Anhaltspunkte hat, um auf ihre Bereitschaft zur Teilnahme an der Untersuchung schließen zu können, darauf aufbauend sein Einverständnis erklärt und umgekehrt keine widerstrebenden Willensäußerungen des Betroffenen selbst vorliegen. Da eine der Forschung zustimmende Willensäußerung bei Kleinstkindern nicht möglich ist, hat hier die verantwortliche Entscheidung der Eltern in den Vordergrund zu treten (die dabei nach herrschender Meinung keineswegs ausschließlich auf das *körperliche* Wohl des Kindes verpflichtet sind). Wer dieses Ergebnis nicht billigt, muß auch den Mut haben, den Eltern eines todkranken Kleinkindes offen zu sagen, daß ihr Wunsch, die Krankheit ihres Kindes möge doch wenigstens helfen, anderen Kindern dasselbe Schicksal zu ersparen, von seiten der Rechtsordnung selbst dann keinerlei Berücksichtigung finden kann, wenn die Belastung des eigenen Kindes durch eine Forschungsmaßnahme nur minimal ist. Zugleich kann selbstverständlich der Wunsch der Eltern nicht alleiniges Erlaubniskriterium sein - ganz im Gegenteil ist die Einhaltung weiterer (in der Übersicht aufgeführter) Voraussetzungen zwingend erforderlich und dabei insbesondere die vorherige dem Projekt zustimmende Stellungnahme einer unabhängigen Ethikkommission notwendig.

Die Übersicht zeigt allerdings zugleich, wie unterschiedlich die verschiedenen Regelwerken die Forschung mit Einwilligungsunfähigen behandeln. Die wichtigsten Unterschiede bestehen darin, daß wissenschaftliche Experimente mit einwilligungsunfähigen *Erwachsenen* nach AMG und MPG per se verboten sind, daß umgekehrt aber die Menschenrechtskonvention strenger ist bei wissenschaftlichen Experimenten mit *Minderjährigen*, indem hier allenfalls minimale Risiken erlaubt sind. Einigkeit herrscht darin, daß ausschließlich fremdnützige Forschung per se unzulässig ist.

---

[14] Vgl. Eser, FAZ vom 19.11.1996, S. 16.

[15] Dies betrifft insbesondere die einwilligungsunfähig gewordenen Erwachsenen; auch Minderjährigen ist jedoch je nach ihrer Entwicklung ein wachsendes Mitbestimmungsrecht zuzubilligen, s. dazu auch ß 1626 II BGB.

V. Relation Schutzkriterien - Eigennutzen für den Patienten / Probanden

Schon hinter der grundlegenden Unterscheidung zwischen klinischem Versuch und wissenschaftlichem Experiment steht letztlich die Frage nach dem möglichen, zu erwartenden, beabsichtigten Nutzen der Maßnahme für den Betroffenen selbst. Die vorstehenden Ausführungen haben gezeigt, daß auch innerhalb der Kategorie des Experiments diese Frage von Bedeutung ist. Deshalb sei zum Abschluß gesondert dargestellt, in welchem Ausmaß die Schutzkriterien strenger werden, je geringer der mögliche Eigennutzen für den Betroffenen ist:

Relation Schutzkriterien - Eigennutzen für den Patienten / Probanden nach AMG, MPG, der Revidierten Deklaration von Helsinki (RDH), der Menschenrechtskonvention zur Biomedizin des Europarates (MRK) und der Stellungnahme der Zentralen Ethikkommission (ZEK)[16]

<table>
<tr><th>Klinischer Versuch</th><th>Experiment mit möglichem Eigennutzen für Probanden</th><th>Experiment mit wenigstens gruppenspezifischem Nutzen</th><th>fremdnützige Forschung</th></tr>
<tr><td colspan="4">Sämtliche Patienten / Probanden:</td></tr>
<tr><td colspan="4">——————> zunehmend strengere Nutzen-Risiko-Abwägung ——————></td></tr>
<tr><td></td><td colspan="3">Keine Rechtfertigung durch mutmaßliche Einwilligung</td></tr>
<tr><td></td><td colspan="3">Keine Forschung an Untergebrachten nach AMG/MPG</td></tr>
<tr><td colspan="4">Zusätzlich bei Einwilligungsunfähigen:</td></tr>
<tr><td></td><td>Nach MRK allenfalls minimales Risiko / minimale Belastung</td><td>Allenfalls minimales Risiko / minimale Belastung auch nach ZEK</td><td rowspan="4"><u>Grundsätzlich unzulässig</u></td></tr>
<tr><td></td><td colspan="2">Schriftform der Einwilligung nach MRK</td></tr>
<tr><td></td><td>Schriftform der Einwilligung nach AMG/MPG</td><td></td></tr>
<tr><td></td><td>Nach AMG / MPG zulässig bei Minderjährigen zur Prüfung von Diagnostika und Prophylaktika betreffend Kinderkrankheiten</td><td></td></tr>
<tr><td></td><td colspan="3">Nach AMG / MPG unzulässig bei Erwachsenen</td></tr>
</table>

16 Aufgeführt sind nur Kriterien, bei denen *Unterschiede* je nach unmittelbarem / mittelbarem Eigennutzen für den Patienten / Probanden bzw. Gruppennutzen bestehen.

VI. Schlußbemerkung

Meine Übersichten haben - so meine ich - vor allem gezeigt, wie unübersichtlich die Rechtslage derzeit ist. Dabei ist in den Übersichten noch nicht einmal dargestellt, welche Schutzkriterien außerhalb der genannten Spezialnormen gelten. Die im Schrifttum verbreitete Argumentation, die Bestimmungen der Spezialgesetze seien analog auf spezialgesetzlich ungeregelte Forschungsvorhaben zu übertragen, kann nicht ohne weiteres überzeugen. Denn das Argument, die Spezialvorschriften seien ohnehin nichts anderes als Ausdruck allgemeiner rechtlicher Wertungen, erklärt nicht, warum der Gesetzgeber sich dann auf die (ihrerseits ja keineswegs einheitliche!) Regelung einiger weniger Bereiche (z.B. Arzneimittelforschung, Medizinprodukteforschung) beschränkt hat, anstatt *allgemeine* gesetzliche Vorschriften zur Forschung am Menschen zu schaffen oder für die geregelten Spezialbereiche zumindest untereinander *deckungsgleiche* Normen zu erlassen. Nicht von ungefähr wird der Ruf nach einem allgemeinen Forschungskontrollgesetz immer lauter. Allerdings dürften die Hoffnungen auf eine baldige Realisierung nicht sehr begründet sein. Schon aus Gründen der Gesetzgebungskompetenz[17] ist nicht mit einer umfassenden medizinrechtlichen Kodifikation zu rechnen. Zudem dürfte nicht zuletzt der Streit um das Menschenrechtsübereinkommen zur Biomedizin des Europarates Indiz dafür sein, daß ein entsprechendes Forschungskontrollgesetz auch in der Sache derzeit in Deutschland kaum konsensfähig ist. Kaum zu lösen sein dürfte durch ein derartiges Forschungskontrollgesetz schließlich die internationale Problematik der Forschung im Hinblick auf den „ethischen Export“: Solange weltweit gültige, verbindliche und effektiv sanktionierte Regeln der Forschung fehlen (und das wird zweifellos auf Dauer so bleiben), wird man es kaum verhindern können, daß Daten und Ergebnisse, die in Deutschland nicht hätten erzielt werden dürfen, im Ausland erzielt werden und anschließend bei uns verwertet werden[18]. „Pecunia non olet“ - von dieser Einstellung aus sind auch wissenschaftliche Ergebnisse herkunftsneutral.

---

17 Insbesondere das ärztliche Berufsrecht ist Sache der Länder.

18 Am ehesten wäre es aus nationalem Blickwinkel sachgerecht, soweit wie möglich bereits das Verlagern entsprechender Forschung ins Ausland bzw. die inländische Beteiligung an der Durchführung oder Finanzierung im Ausland zu unterbinden, sofern dort nicht den Mindestanforderungen des Inlandes (und natürlich dem im Durchführungsland geltenden Mindeststandard) Rechnung getragen wird. Weniger überzeugend ist es dagegen, erst den Import der im Ausland erzielten Ergebnisse zu unterbinden.

Ethik-Kommissionen: Probandenschutz in der medizinischen Forschung

Erwin Deutsch

1. Aufgaben der Ethik-Kommissionen

Ethik-Kommissionen sind eigentlich Forschungskommissionen, denn sie befassen sich nur mit Recht, Ethik und Medizin der klinischen Forschung am Menschen. Dennoch werden ihre Aufgaben völlig unterschiedlich gedeutet. Für die einen stellt ihr Votum eine weitere zur Erfüllung der Voraussetzungen der Zulassung eines Arzneimittels bestehende Aufgabe dar. Für andere ist die Ethik-Kommission ein Beratungsgremium, das von der Ärztekammer eingerichtet und auch von medizinischen Fakultäten betrieben, ein Gutachten über die Zulässigkeit eines klinischen Forschungsprojektes abgibt. Eine dritte Aufgabe hat sich in letzter Zeit herausgestellt: Kliniken haben nicht nur für die Heilbehandlung, sondern noch mehr für die klinische Forschung Vorsorge zu treffen. Diese als Organisationsaufgabe einem Klinikum obliegende Pflicht wird abstrakt durch Dienstanweisungen und konkret durch die Pflicht der Vorlage eines Forschungsplans bei einem Research Committee erfüllt.[1] Neuerdings ist nach französischem Vorbild eine "Zentrale Ethik-Kommission" bei der BÄK geschaffen worden, welche sich mit grundsätzlichen ethischen Fragen der Ärzteschaft auseinandersetzt, aber auch Probleme der klinischen Forschung aufgreift, ja sogar bereitsteht, ihm von lokalen Ethik-Kommissionen vorgelegte Fragen in prinzipieller Weise zu beantworten.[2] Da alle diese Aufgaben auf unterschiedlichen normativen Grundlagen beruhen, ist die Unsicherheit groß und der Sprachgebrauch im allgemeinen wenig einheitlich. Wenn man von der Zentralen Ethik-Kommission absieht, lassen sich folgende Funktionen der Ethik-Kommissionen feststellen: Schutz des Patienten bzw. Probanden; Beratung des Forschers; Erfüllung der Schutzpflicht der Institution.[3]

---

1 Weiß v. Solomon, Cour Superieur de Quebec v. 23.2.89, 48 C.C.L.T. 280, 282: „The Hospital, through its Research Committee, failed to emphasize the risks of Fluorescin Angiography on the Consent Form ...“

2 BÄK-INTERN v. 14.7.95, S. 9

3 Vgl. § 15b Hamb.ÄrzteG: "Die Ethik-Kommission dient dem Schutz der Patienten sowie der Probanden, dem Schutz des Forschenden und der Vertrauensbildung gegenüber der notwendigen medizinischen Forschung am Menschen".

Durch eine Richtlinie BÄK v. 1991 ist auch die embryonale Forschung und durch § 8 Abs. 2 Nr. 7 TFG die Spenderimmunisierung Aufgabe der Ethik-Kommission geworden.

2. Bezeichnungen

Die bei uns Ethik-Kommissionen genannten Ausschüsse zur Begutachtung menschenbezogener Forschung haben ihre Wurzeln in der zweiten Hälfte der sechziger Jahre in den USA.[4] Dort werden sie als Institutional Review Boards bezeichnet, abgekürzt IRB. Gelegentlich wird auch der Name Human Subjects Protection Committee verwendet. Die letztgenannte Bezeichnung ist eher funktional gewählt: Sie soll den Schutz der Patienten und Probanden durch ein Verfahren vor Kommissionen betonen. In den Vereinigten Staaten von Amerika benutzt man heute den Ausdruck Ethics Committee für die Beratung oder auch Beschlußfassung in anderen Aspekten der medizinischen Behandlung. Diese reichen von der Beendigung der Behandlung über die Zustimmung nach Aufklärung und die Sterilisation bis hin zum Patiententestament.[5] Die amerikanischen Ethics Committees sind also eine Art ethischer Ombudsmann, die deutschen Ethik-Kommissionen stellen in Wirklichkeit Forschungskommissionen dar, welche für die Zulassung eines Arzneimittels, zur Erfüllung von Standespflichten und zur Sicherung der Patienten und Probanden vor Ort zuständig sind.

3. Herkunft und Entstehen

Die Kommissionskontrolle der medizinischen Versuche am Menschen hat drei Wurzeln. Eine Untersuchung der Boston University aus dem Beginn der sechziger Jahre über das Vorgehen bei medizinischen Experimenten zeigte, daß im allgemeinen weder Formulare Verwendung fanden, noch Dienstanweisungen oder Kommissionen bestanden.[6] Durch die Berichterstattung über den Fall Hyman v. Jewish Chronic Disease Hospital in New York wurde die Furcht vor

---

[4] Nachweise bei Deutsch, Das Recht der klinischen Forschung am Menschen, 99ff.

[5] Ross, Handbook for Hospital Ethics Committees (1986); McCarrick u. Adams, Ethics Committees in Hospitals, National Reference Centre for Bioethics Literature, Kennedy Institute of Ethics, Georgetown University

[6] Robertson, The Law of Institutional Review Boards, UCLA L. Rev. 79, 487

rücksichtslosen Versuchen an unwissenden Patienten geweckt.[7] Im Jahre 1966 veröffentlichte dann Beecher seinen berühmten Aufsatz über die Ethik in der medizinischen Forschung, in welchem er nachwies, daß aus hundert fortlaufenden Untersuchungen in einer angesehenen amerikanischen Fachzeitschrift wenigstens zwölf anfechtbar waren.[8] Als Reaktion auf diese Vorgänge hat das National Institute of Health in den USA Regeln herausgebracht, wonach Bundesmittel nur noch vergeben werden, wenn das Forschungsprojekt vorher einer Kommission an der antragstellenden Institution (Institutional Review Board) zum Schutz von Versuchspersonen vorgelegt und von ihr gebilligt worden ist.[9] Das amerikanische FDA verlangt bei der Arzneimittelprüfung die Vorlage an ein IRB. Die meisten amerikanischen Universitäten haben diese Ausschußkontrolle auch auf Versuche erstreckt, die aus eigenen Mitteln finanziert werden.

4. Entwicklung in Deutschland bis 1995

Die ersten Ethik-Kommissionen sind von der DFG im Jahre 1973 in Ulm und Göttingen an Sonderforschungsbereichen gegründet worden. Man wollte mit dieser neuen Institution Erfahrungen sammeln. Nach der im Jahre 1975 verabschiedeten Revidierten Deklaration von Helsinki über biomedizinische Forschung am Menschen hat dann die Bundesärztekammer im Jahre 1979 eine Empfehlung zur Errichtung von Ethik-Kommissionen verabschiedet.[10] Zugrunde lag eine Veränderung des § 15 der Musterberufsordnung, welche den Ärzten die Beratung durch eine Ethik-Kommission bei medizinischer Forschung am Menschen als Pflicht auferlegt. In der Empfehlung wurde angeregt, daß Ausschüsse zur Beratung und Beurteilung ethischer und rechtlicher Aspekte der Forschung am Menschen eingerichtet werden. Jede Kommission sollte aus einem Juristen und vier Ärzten bestehen und jeweils für die Dauer von vier Jahren gewählt werden. Den Vorsitz sollte ein Arzt führen. Zwei Mitglieder sollten klinisch erfahrene Mediziner sein, ein Dritter ein theoretisch erfahrener Forscher. Auf schriftlichen Antrag eines Forschungsleiters sollte die Kommission tätig werden. Ihre Aufgabe war es, mit einfacher Mehrheit zu entscheiden und sich ausschließlich auf die Beurteilung ethischer und rechtlicher Aspekte zu beschrän-

---

[7] 206 N.E.2d 338 (Court of Appeals, New York 1965)

[8] Beecher, Ethics and Clinical Research, in: N Engl J Med 66, 1354; genauer dazu Rothman, Ethics and Human Experimentation, Henry Beecher revisited, in: N Engl J Med 87, 1195

[9] Zuerst im Federal Register 1978, 11328. Für die Arzneimittelentwicklung FDA Rules and Regulations, Part. 56 - Institutional Review Boards, abgedruckt bei Levine, Ethics and Regulation in Clinical Research2 (1986), 413. Diese Kommissionen sind nur an der Institution ("parent institution") zulässig.

[10] Empfehlung zur Errichtung von Ethik-Kommissionen bei den Ärztekammern (ohne Datum), genauerer Inhalt bei Deutsch, NJW 81, 614

ken. Dem Antragsteller sollte Gehör gewährt werden. Das Ergebnis der Beratung war ihm schriftlich mitzuteilen. Bedenken gegen das Forschungsvorhaben oder die Art und Weise seiner Durchführung waren schriftlich zu begründen. Die Verhandlungen der Kommission sollten Vertraulichkeit genießen.

Parallel zu der Entwicklung bei den Landesärztekammern vollzog sich der Aufbau der Ethik-Kommissionen an den medizinischen Fakultäten, medizinischen Hochschulen und Großkliniken. Sie wurden für gewöhnlich als eine besondere Kommission gestaltet, welcher nach inneruniversitärem Recht alle klinischen Versuche mit Menschen vorzulegen waren. Ob die Kommission nur beratend oder auch beschließend tätig war, entschied sich danach, ob nur nach der Revidierten Deklaration von Helsinki mit ihrem Beratungsprinzip vorgegangen wurde oder ob das inneruniversitäre Recht auch eine Beschlußbefugnis enthielt.

Unter den Auspizien der Bundesärztekammer hat sich eine Arbeitsgemeinschaft der öffentlich-rechtlichen Ethik-Kommissionen, also der bei den medizinischen Fakultäten und Ärztekammern gebildeten Kommissionen konstituiert.[11] Sie hat die Empfehlung der BÄK fortgeschrieben und einen Mindestkonsens für die Besetzung und das Verfahren dieser Ausschüsse erzielt. Sie sollen mit Medizinern und Forschern besetzt sein, außerdem mit wenigstens einem oder mehreren Laien. Als Mitglieder sind Männer und Frauen vorgesehen. Ein Jurist soll der Kommission angehören. Im übrigen gilt für die Kommission das Verwaltungsverfahrensgesetz. Die Arbeitsgemeinschaft hat auch Verfahrensgrundsätze beschlossen, die jeweils auf den neuesten Stand gebracht werden.[12]

Neben den staatlich eingesetzten Kommissionen bestehen firmeneigene und private Gremien, die sich selbst "Ethik-Kommissionen" nennen.[13] Rechtlich sind sie entweder Teil eines Unternehmens, das sie bestellt hat, oder ihre Mitglieder bilden eine Gesellschaft des Bürgerlichen Rechts oder sie sind sogar in Gestalt einer GmbH organisiert. Gleichgültig wie sie sich nennen, haben sie den Status eines vertraglich beauftragten Gutachters in ethischen Fragen. Problematisch ist dabei, daß bisweilen gegenüber den Behörden der USA der Schein eines IRB erweckt wird, die sachliche und örtliche Zuständigkeit für alle Institutionen der

---

[11] S. die Berichte von Pflanz, in: NdsÄBl 85, 197; D•Bl 86, 237; 87, 371; 89, 1415 u. D•Bl 94 B-1514.

[12] Ethik-Kommissionen: Verfahrensgrundsätze, beschlossen vom Arbeitskreis medizinische Ethik-Kommission in der Bundesrepublik Deutschland am 19.11.1986 in der letzten Fassung vom 21. November 1990, DÄBl 91, A-2656

[13] In den USA können die IRBs nur an Institutionen wie Universitäten, Kliniken etc errichtet werden: "The parent institution is presumed to be responsible for the operation of an IRB, and the Food and Drug Administration will ordinarily direct any administrative action under this subpart against the institution (§56.120 Code of Federal Regulation)

Bundesrepublik in Anspruch genommen wird und im allgemeinen jede Begründung für den Bescheid fehlt. Es gibt sogar europäische und internationale Kommissionen, welche keinerlei Rückhalt im nationalen Bereich haben. Die Beurteilung der "freien Kommissionen" ist streitig: Während sie von manchen als reine Gebührenvereine angesehen werden, deren Existenz vor allem von ihren Mitgliedern oder wirtschaftlich Interessierten verteidigt werde[14], stellen sie sich selbst als Zusammenschluß wissenschaftlich ausgewiesener und ethisch motivierter Personen dar, deren freier Zusammenschluß allein die Unabhängigkeit gewährleiste. Auffällig ist jedoch, daß diese Kommissionen nur Arzneimittelprüfungen begutachten, niemals andere Forschungen und von "Wettbewerbsfreiheit" reden. Warum eine Mehrheit von Gutachtern sich Kommission nennt, wirft gleichfalls ein Schlaglicht. Nun darf jeder Forscher sich ethischen Rats bedienen, wo er ihn findet oder erwirbt. Dieser Rat ersetzt jedoch nicht die Beratung einer institutionellen Ethik-Kommission, die nach der Revidierten Deklaration von Helsinki von einer verantwortlichen Stelle ernannt werden muß.

> "Die Planung und Durchführung eines jeden Versuches am Menschen sollte eindeutig in einem Versuchsprotokoll niedergelegt werden, welches einem besonders berufenen, vom Forschungsteam und Sponsor unabhängigen Ausschuß zur Beratung, Stellungnahme und Orientierung vorgelegt werden sollte. Dabei wird davon ausgegangen, daß dieser Ausschuß gemäß den Gesetzen und Bestimmungen des Landes, in welchem der Versuch durchgeführt werden soll, anerkannt ist".
> Revidierte Deklaration von Helsinki I 2

Die öffentlich-rechtlichen Ethik-Kommissionen haben stets darauf Wert gelegt, daß sie allein dem Merkmal "besonders berufene" (specially appointed) Kommission genügen.

Den Höhepunkt der Auseinandersetzung zwischen einer privaten Ethik-Kommission und einer Ärztekammer stellte der Prozeß Graf ./. Ärztekammer Hessen vor dem VGH Kassel dar.[15] Es handelte sich um ein abstraktes Normenkontrollverfahren, das von dem Inhaber einer freien Ethik-Kommission, seinem Vorsitzenden, einem pensionierten Präsidenten des BGH, zwei Ärzten aus dem Bereich der Ärztekammer Hessen und einer Pharmafirma in Berlin angestrengt worden war. Beantragt wurde, die Verpflichtung der Hessischen Ärz-

---

[14] Zum Streit unter dem Aspekt einer freien Ethik-Kommission Pfeiffer, VersR 94, 1377; ZRP 98, 43; Schenke, NJW 91, 2313; Tiedemann, ZRP 91, 54

[15] VGH Kassel NJW 94, 812. Die Beschwerdeentscheidung des BVerwG v. 22.12.95 ist unveröffentlicht. Der VGH Mannheim arztrecht 97, 116 sowie NVwZ 98, 643 hat für einen Normenkontrollantrag hinsichtlich der Berufsordnung der LÄK Baden-Württemberg das Rechtsschutzinteresse verneint. Das BVerfG hat am 23.8.96 eine Verfassungsbeschwerde wegen Fristablaufs nicht angenommen (1 BVR 1584/96).

teordnung für nichtig zu erklären, wonach die Forschung am Menschen einer öffentlich-rechtlichen Ethik-Kommission zur Beratung vorgelegt werden mußte. Gerügt wurde insbesondere die fehlende gesetzliche Grundlage. Außerdem verletzte die Beratungspflicht eine Reihe von Grundrechten der Antragsteller, nämlich die auf Forschungsfreiheit, freie Entfaltung der Persönlichkeit und die Garantie des Eigentums. Insbesondere wurde an der Monopolstellung der öffentlich-rechtlichen Ethik-Kommissionen der Ärztekammer und der Universitäten in Hessen Anstoß genommen. Das Verfahren endete überraschend. Die Anträge des Inhabers und des Vorsitzenden der freien Ethik-Kommission sowie der Berliner Firma wurden als unzulässig zurückgewiesen, da sie von der Regelung in Hessen nicht betroffen seien. Im übrigen wurde § 1 Abs. 5 der Berufsordnung für Ärzte in Hessen für nichtig erklärt, da er im Gesamtzusammenhang der restlichen Teile der Berufsordnung stehe, die nicht wirksam ausgefertigt und deshalb nichtig seien. Diese Nichtigkeit erstrecke sich auch auf die Bestimmung über die Ethik-Kommission, die ihrerseits freilich formentsprechend ausgefertigt worden war, aber ein Einzeldasein nicht führen könnte. Mittlerweile ist nach Erledigungserklärung der Hauptsache das Verfahren vom BVerwG eingestellt und die Kosten jeder Partei zur Hälfte auferlegt worden.

5. Gegenwärtige gesetzliche Grundlagen

- **Arzneimittelprüfung**: Die Ethik-Kommissionen sind nunmehr im AMG verankert. Mit der klinischen Prüfung eines Arzneimittels darf beim Menschen grundsätzlich nur begonnen werden, wenn diese zuvor von einer nach Landesrecht gebildeten Ethik-Kommission zustimmend bewertet worden ist. Soweit keine zustimmende Bewertung vorliegt, muß zugewartet werden, ob die zuständige Bundesoberbehörde innerhalb von 60 Tagen nach Eingang der Unterlagen widerspricht. Mit den Unterlagen über die pharmakologisch-toxikologische Prüfung und dem dem jeweiligen Stand der wissenschaftlichen Erkenntnis entsprechenden Prüfplan ist auch das Votum der für den Leiter der klinischen Prüfung zuständigen Ethik-Kommission bei der zuständigen Bundesoberbehörde vorzulegen, §40 Abs. 1 AMG n.F. Dem entspricht die Haltung der öffentlich-rechtlichen Ethik-Kommissionen, eine geschäftsführende oder Master-Kommission anzuerkennen, die am Ort des Leiters der klinischen Prüfung angesiedelt ist. Allerdings wird durch dieses Gesetz weder die Verpflichtung nach § 15 MBO noch nach den inneruniversitären Anweisungen berührt, wonach klinische Forschung vom jeweiligen Forscher der für ihn zuständigen Ethik-Kommission vorzulegen ist.[16] In der vorgesehenen

[16] Vgl. BfArM v. 15.1.98: "Die sich aus dem Berufsrecht für Ärzte sowie aus dem Hausrecht der medizinischen Fakultäten ableitenden Regelungen bezüglich der Konsultation von Ethik-Kommissionen vor Beginn einer klinischen Prüfung sind ... nicht betroffen". Anders noch zur alten Fassung der MBO Sträter, PharmaR 97, 337

Verordnung über die Voraussetzungen der ordnungsgemäßen Durchführung der klinischen Prüfung soll auch die Zusammenfassung der Bewertungen bei multizentrischen Studien durch eine Master-Kommission vorgesehen werden.

- **Medizinprodukte:** Nach § 17 MPG genügt es, daß eine irgendwo bestehende Ethik-Kommission unabhängig ist, interdisziplinär besetzt ist, eine Satzung veröffentlicht hat und von der Bundesoberbehörde registriert ist. Diese Formulierung, die ursprünglich von einer freien Ethik-Kommission dem Bundestag nahegelegt wurde, hatte sich zunächst auch im Entwurf zum AMG befunden. Sie ist jetzt noch in der gegenwärtigen Fassung des MPG enthalten. Mit dieser Lösung wird die Aufgabe der Ethik-Kommission, Voraussetzung der Zulassung des Arzneimittels zu sein, einseitig überbetont. Alle anderen Voraussetzungen, insbesondere die des Schutzes der Probanden und Patienten durch Beurteilung vor Ort wurden vernachlässigt. Deshalb ist diese Vergabe des Schutzes der Patienten und Probanden in die Hände freier sog. Ethik-Kommissionen auf erhebliche Kritik gestoßen.[17] § 8 Transfusionsgesetz sieht wiederum ein zustimmendes Votum einer nach Landesrecht gebildeten Ethik-Kommission vor.

- **Sonstige medizinische Versuche am Menschen:** Ihre Vorlage bei einer Ethik-Kommission wird von der Revidierten Deklaration von Helsinki und mit Ausnahme ausschließlich epidemiologischer Forschungsvorhaben von § 15 MBO gefordert. Überdies wird regelmäßig durch Dienstanweisungen und Beschlüsse von universitären Gremien die Vorlage an eine Ethik-Kommission gefordert.

- **Organisationspflicht der Klinik:** Nach den Vorschriften des StGB und BGB gegen Tötung und Körperverletzung sowie den daraus entwickelten Pflichten zur Abwendung der Gefahren solcher Delikte trifft Kliniken die Pflicht, abstrakte und konkrete Gefahren für Patienten und Probanden zu vermeiden, handele es sich um Arzneimittel-, Medizinprodukte- oder andere, insbesondere medizinische Grundlagenforschung mit Menschen.[18] Diese Organisations- und Verkehrspflichten bestehen im Interesse der Rechtsgüter der Patienten und Probanden, unabhängig von einer gesetzlichen Anordnung der Einrichtung von Kommissionen, da sie nur durch ein Gremium bei der Großklinik wahrgenommen werden können.[19]

---

[17] Lippert, DMW 95, 1296; Kölner Stadtanzeiger v. 17.6.97, S. 3: Roter Teppich für Pharma-Firmen: Bonn will die Ethik-Kommissionen zur Erprobung von Medikamenten auch in private Hände legen, aber nicht einmal die Ärztekammern wurden gehört.

[18] Vgl. dazu genauer Deutsch, Verkehrssicherungspflicht bei klinischer Forschung - Aufgabe der universiären Ethik-Kommissionen?, MedR 95, 483

[19] Im Falle der Verletzung dieser Pflicht ist die Klinik selbst schadensersatzpflichtig.

6. Landesrechtliche Bildung von Ethik-Kommissionen

Mit der Zuweisung der Bildung unabhängiger Ethik-Kommissionen an das Landesrecht hat der Bundesgesetzgeber Pandoras Büchse geöffnet. Glücklicherweise sind die meisten Bundesländer dazu übergegangen, in ihren entsprechenden Gesetzen, meistens in Kammergesetzen, Ethik-Kommissionen einzuführen und einen Katalog ihrer Aufgaben der Satzungsgewalt der Ärztekammer zuzuweisen. Zu gleicher Zeit wurden auch Ethik-Kommissionen bei Universitäten anerkannt. Ein Beispiel bildet § 6a des HeilberufsG des Landes Hessen (GVBl 94, 598):

§ 6a

(1) Die Ärztekammern errichten Ethik-Kommissionen durch Satzung und regeln insbesondere:

1. Die Aufgaben der Ethik-Kommissionen,
2. ihre Zusammensetzung,
3. die Anforderungen an die Sachkunde, die Unabhängigkeit und die Pflichten der Mitglieder
4. die Zuständigkeit der Ethik-Kommission,
5. die Voraussetzungen für ihre Tätigkeit,
6. das Verfahren,
7. die Geschäftsführung,
8. die Aufgabe des Vorsitzenden,
9. die Kosten des Verfahrens,
10. die Entschädigung der Mitglieder.

(2) Die an den Medizinischen Fachbereichen gebildeten Ethik-Kommissionen können für den Hochschulbereich an die Stelle der Ethik-Kommissionen nach Absatz 1 treten.

Hamburg hat nach einer erheblichen medizinkritischen Debatte die Zusammensetzung der Ethik-Kommission durch Gesetz bestimmt[20], § 15d Abs. 1 Hamburgisches Ärztegesetz:

Die Kommission besteht aus fünfzehn Mitgliedern, von den sieben Frauen und sieben Männer sein sollen; als fünfzehntes Mitglied soll eine Frau oder ein Mann

[20] Patientenschutz statt Arztschutz, Mabuse 95, 45; Konferenz der Kittel, Die Woche v. 18.8.95, S. 31. Die Regelung erfolgte in den §§ 15aff. des Hamburgischen Ärztegesetzes, GesVOBl 1995, 232f.

für jeweils vier Jahre abwechselnd berücksichtigt werden. Ihr gehören acht Ärzte verschiedener Fachrichtungen, davon ein in der klinischen Grundlagenforschung tätiger Wissenschaftler sowie ein Medizintechniker, zwei Juristen mit der Befähigung zum Richteramt, ein Geistes- bzw. Sozialwissenschaftler, zwei Pflegekräfte und eine Person als Vertretung der Bevölkerung an. Der Vorsitzende der Kommission ist Arzt. Für die Mitglieder können Vertreter benannt werden.

7. Satzungen für Ethik-Kommissionen

In den Landesgesetzen über die Errichtung von Ethik-Kommissionen sind typischerweise nur die Aufgabengebiete bezeichnet; die Einzelregelung ist der Ärztekammer bzw. der Universität durch Satzungsrecht überlassen. Im allgemeinen sind es ganze Kataloge, welche der Gesetzgeber der Ethik-Kommission zur Satzungsregelung vorgegeben hat.[21]

Die Aufgaben der Satzung können unterschieden werden in technische und substantielle. Zu den technischen gehört das Verfahren, also die Zusammensetzung, die Zuständigkeit bis zur Entschädigung der Mitglieder. Im Mittelpunkt der substantiellen Fragen steht das Problem der Aufgabe der Ethik-Kommissionen. Kernbereich der Ethik-Kommission ist die Beurteilung der klinischen Forschung am Menschen, sei es Arzneimittelprüfung, sei es die Prüfung von Medizinprodukten, sei es die Grundlagenforschung am Menschen.

Allerdings können die Aufgaben der Ethik-Kommissionen über die Beurteilung der klinischen Forschung am Menschen hinausreichen. Bei der medizinischen Behandlung des Menschen, insbesondere im Krankenhausbetrieb, treten vielerlei Probleme auf, die sich als ethische qualifizieren lassen. Will man der Ethik-Kommission die Zuständigkeit auch insoweit geben, so wird sie eine Art Ombudsmann für nichtmedizinische Streitigkeiten im Krankenhaus, insbesondere zwischen Patient und Personal, aber möglicherweise auch innerhalb des Personals.

8. Typen der institutionellen Ethik-Kommission

Wir unterscheiden mehrere typische Formen der Ethik-Kommissionen:

---

[21] Vgl. § 6a Heilberufsgesetz NRW u. §4a Kammergesetz Baden-Württemberg beides abgedruckt bei Deutsch, Ein Musterstatut für institutionelle Ethik-Kommissionen, GRP 95, 3f.

Vorstands- bzw. Kollegenkontrolle (Peer Review): Dieses Schlagwort bezeichnet die ursprüngliche Form der Kontrolle biomedizinischer Versuche.[22] Die Überwachung durch Kollegen und durch den Vorstand der Klinik erscheint als erste und naheliegende Vorsichtsmaßnahme. Sie hat allerdings die Schwachstelle, daß die Kollegenkontrolle nicht selten aus Gründen der Gegenseitigkeit ineffektiv und die Überwachung durch den Vorstand oft zu vorsichtig und daher der Forschung abträglich ist.

Paritätische Kommission: In der Bundesrepublik werden gelegentlich nach einigen Grundmodellen der paritätischen Ausschußbesetzung an den Universitäten Assistenten und Ärztliches Hilfspersonal in die Ethik-Kommissionen einbezogen. Die Erweiterung gegenüber der Kollegenkontrolle ist zu begrüßen. Jedoch sind diese Kommissionen zu sehr auf gegenwärtige akademische Organisationsstrukturen und nicht genug auf die zu prüfende Forschung ausgerichtet. Damit die Ethik-Kommission nicht den jeweiligen inneruniversitären Paritätenregelungen unterworfen ist, wird sie bisweilen auch nicht mehr als Kommission, sondern als Ethisches Komitee bezeichnet.

Übergreifende Kontrolle (Community Review): Dieser Ausdruck bezeichnet das heute vorherrschende Modell der Forschungskontrolle[23], in dem sowohl Forscher und Ärzte, also auch andere Personen, vor allem Juristen, Pfarrer und bisweilen Patienten beteiligt sind. Sowohl in den USA als auch in den Richtlinien der Bundesärztekammer ist dieses Modell zugrundegelegt.

Gemischte Kommission (Fachleute- und Laienkommission): In Australien, Neuseeland, Dänemark und Hamburg zeigt sich eine neue Zusammensetzung der Ethik-Kommissionen. Danach hat etwa die Hälfte der Kommissionsmitglieder aus Laien zu bestehen. Die reine Überwachungsfunktion der Laien, die der Betriebsblindheit entgegenwirken soll, wird wohl einer Art Schöffenmentalität weichen. Das hinter diesem System stehende Mißtrauen gegen die Forscher ist unberechtigt: Erfahrungen mit bisherigen Ethik-Kommissionen zeigen, daß die Ärzte oft mit dem Forschungsprogramm ihrer Kollegen schärfer ins Gericht gehen als Laien. Außerdem sind Laien oft überfordert, wenn sie umfangreiche Forschungspläne, bisweilen auch noch in einer fremden Sprache, studieren sollen. Je mehr Laien in einer Kommission sitzen, desto eher ist die Kommission auf auswärtige Gutachter angewiesen. Auch kann sich leicht ein Element der Politik in die Ethik-Kommission einschleichen. Vergessen wir nicht, die medizinische Forschung soll nicht behindert oder überhaupt erstickt werden, sondern es sollen ihr nur normale, international akzeptierte Grenzen gezogen werden.

---

[22] Robertson, a.a.O., 487; Deutsch, Das Recht der klinischen Forschung am Menschen, 116

[23] Robertson, a.a.O., 492; Deutsch, a.a.O.; Scholz u. Stoll, MedR 90, 61f.; zum Rechtstatsächlichen vgl. Czwalinna, MedR 86, 308f.

Ursachenforschung und Versorgungsqualität - Unzureichende Rahmenbedingungen für die Tumorepidemiologie

D. Hölzel

1. Einleitung

Das Resümee der Deutschen Forschungsgemeinschaft in der Schrift "Forschungsfreiheit - ein Plädoyer für bessere Rahmenbedingungen in Deutschland" (3) lautet: "Die Summe der Forschungsbedingungen hat in einzelnen Bereichen dazu geführt, daß in Deutschland keine Forschungsaktivitäten mehr durchgeführt werden oder ihr Anteil im internationalen Vergleich erschreckend geschrumpft ist". Explizit werden die Gesetzgebung, Verwaltungshandeln und Strukturdefizite genannt. Anfang November 1998 haben Datenschutzbeauftragte mit zehn Punkten einen Politikwechsel hin zu einem wirksameren Schutz der Privatsphäre gefordert. Modernisierungen werden für viele Felder angemahnt, die Wissenschaft als Pfadfinder in die Moderne fehlt. (2)

Die Medizin ist ein besonders betroffener Bereich. Denn es gibt große weiße Flächen am Medizinstandort Deutschland (6,7). Gemeindebezogene Forschung, große Kohortenstudien, trotz längster Früherkennungstradition kein international vorzeigbarer Beitrag, die Outcomeforschung oder die Todesursachenanalyse sind Beispiele. Deutschland ist in der Literatur nicht angemessen präsent, es gibt wenig Impulse. Bedenklich ist diese Entwicklung, weil die erforderliche Infrastruktur zugleich zur Sicherung der Qualität und Wirtschaftlichkeit der Versorgung dient, deren Einschränkung also zugleich rationalen Mitteleinsatz und den Schutz der Gesundheit der Bevölkerung reduziert. Im folgenden soll aus der Sicht der Epidemiologie bzw Public Health die DFG-Aussage erläutert werden.

2. Datennutzung und epidemiologische Methodik

Wissenschaft als systematische, disziplinierte und an Methoden gebundene Suche nach Erkenntnis kann im Bezug auf die Medizin in Grundlagenforschung, klinische Forschung und Versorgungsforschung unterteilt werden. Die klinische

Forschung beschäftigt sich mit der Anwendung neuer diagnostischer und therapeutischer Verfahren. Die Grundlagenforschung mit ihren potentiellen Erkenntnissen ohne konkrete Handlungsrelevanz stößt an öffentlich diskutierte Grenzen. Das ist aber im Bezug auf Public Health hier nicht relevant. Thema hier ist die Versorgungsforschung mit ihren Fragen zur Verteilung der Erkrankungen, ihren Ursachen und Veränderungen, die klassische Definition der Epidemiologie. Große soziale Bedeutung haben Fragen zur Qualität, zu Kosten, Nutzen und Schaden des etablierten ärztlichen Handelns. Es ist also nicht primär die Freiheit der Forschung an sich zu thematisieren. Es geht sogar um die naheliegende Frage, inwieweit die Medizin heute überhaupt noch der Rechenschaftspflicht über ihr Handeln genügen kann.

Für diese Aufgaben braucht die Forschung am Menschen Daten als Abbild der Wirklichkeit. Messen heißt Daten erheben und damit den Kenntnisstand und die Produktion von Gesundheit zu belegen und zu verbessern. Das ist die Grundlage und der Prozeß einer empirischen Wissenschaft, die damit prinzipiell in Opposition zum Datenschutz steht. Zur Erläuterung sind zuerst Entstehung, Eigenschaften und Nutzung medizinischer Daten zu betrachten. Patienten werden heute in der Regel interdisziplinär, ambulant und stationär versorgt. Im allgemeinen sind mehrere Ärzte bzw. Einrichtungen involviert. Zu den entstehenden Daten gehören der Personenbezug, Datenurheber, Meßzeitpunkt und Meßwert. Betroffene im Sinne des Datenschutzes sind damit stets der Patient und auch der vom Datenschutz vernachlässigte Arzt als Datenurheber, der mit den Daten sein Handeln und gegebenenfalls auch seine "Kunstfehler" offenbart.

Entscheidend für die Beurteilung eines Forschungsprojektes aus Datenschutzsicht ist die Art der Datennutzung. Drei Formen sind zu unterscheiden. Die wichtigste Nutzungsform von Daten ist die Fortschreibung ärztlichen Wissens. Trotz Personen- und Datenurheberbezug gibt es bei diesem Forschungsziel keine Rückwirkungen oder Einschränkungen für die, deren Daten gebraucht werden. Die primäre Forderung des Datenschutzes ist also stets erfüllt, nicht jedoch die erweiterte Forderung, daß jede Datenspeicherung zustimmungspflichtig ist. Eine zweite Nutzungsform besteht darin, daß die erhobenen Daten durch zusätzliche Befragungen oder Untersuchungen ergänzt werden. Auch dies ist dann unproblematisch, wenn das Forschungsinteresse von den behandelnden Ärzten getragen und als Bitte an die Patienten weitergegeben wird. Kritisch ist dabei der Zugang zu den relevanten Patienten. Erst die dritte Nutzungsform kann als konkrete Beeinträchtigung interpretiert werden, wenn aufgrund der Daten auf das Verhalten und die Versorgung im Einzelfall eingewirkt würde. Gerade diese datenschutzsensiblen Nutzungsformen dürften sich mit den Erwartungen der Bevölkerung decken, aufgrund der Datenlage einzuwirken, Mißbrauch und Unzulänglichkeiten in der Versorgung aufzudecken und abzustellen. Der Datenschutz steht zum Teil sogar in Opposition zum Datennutzungsinteresse der Bevölkerung.

Wissenschaft geht methodisch vor. Vier Studienansätze zur Realisierung von Datenerhebungen seien kurz skizziert: Der für den medizinischen Fortschritt wichtigste Studienansatz sind experimentelle Studien aus der klinischen Forschung. U.a. informed consent, die Deklaration von Helsinki als Verhaltenskodex für Versuche am Menschen und die Vorlage der Forschungskonzepte bei Ethikkommissionen sind wirksame Regularien. Nicht der Datenschutz sondern die Aufgeschlossenheit von Patienten und Ärzten für solche Therapiestudien ist das Problem und ein entscheidendes Strukturdefizit in Deutschland.

Beim zweiten Studientyp, den Querschnittserhebungen, werden einmalig Daten zu Gesunden oder Kranken erhoben, um Häufigkeiten, Risikofaktoren, Medikationen etc. zu ermitteln. Auch wenn am Ende die Daten für die Analyse weitgehend anonymisiert werden können, so kann für die Erhebung und das Zusammenführen der Personenbezug notwendig sein. Z.T hängt dies davon ab, ob Probanden für zusätzliche Angaben anzusprechen sind oder die Krankenaktenlage für die Beantwortung der Fragestellung ausreicht. Probleme ergeben sich dann bei der Stichprobenziehung, z. B. aus einem Einwohnerverzeichnis einer Gemeinde oder bei der Übermittlung der Daten aus Krankenakten verschiedener Institutionen, weil kein Einverständnis für eine konkrete Fragestellung vorliegen kann.

Bei Fall-Kontroll-Studien werden Fälle, das sind Personen mit definierten Erkrankungen, möglichst vergleichbaren Kontrollen gegenübergestellt. Erforscht werden u.a. Risikofaktoren, Behandlungsmaßnahmen und die unterschiedlichen Häufigkeiten in den beiden Gruppen. Aus großen Datenbeständen krankheitsspezifisch eine Gruppe von 200-300 Patienten zu identifizieren ist eine typische Zugangsform. In der Regel ist zu diesen Patienten bzw zu ihren Angehörigen Kontakt aufzunehmen. Das kann über die Datenurheber erfolgen. Der Zugang zu vergleichbaren, bzgl. der interessierenden Erkrankung gesunden Probanden ist unproblematisch. Er kann im Krankenhaus oder über Zufallsauswahl aus der Bevölkerung erfolgen. Dieser Ansatz ist mit der Querschnitterhebung vergleichbar.

Der vierte Typ sind Kohortenstudien: Hier werden retro- oder prospektiv definierte Patientengruppen zusammengestellt und im Verlauf der Zeit z.T über viele Jahre Daten erhoben. Drei Beispiele, die auch ohne Zustimmung der Betroffenen durchführbar sein sollten, seien erläutert. Es gibt berufsspezifische Besoldungsregister oder Krankenkassen. Für die Frage, ob für eine Berufsgruppe ein von der Normalbevölkerung abweichendes Krankeits- oder Mortalitätsrisiko besteht, sind Daten zum Alter, Geschlecht und der Dauer der beruflichen Tätigkeit erforderlich. Im einfachsten Fall ist die Frage durch einen Abgleich mit der Todesursachenstatistik beantwortbar.

Eine Analyse der Versorgung einer spezifischen Erkrankung würde die Zusammenführung von Versorgungsleistungen aus dem ambulanten und stationären Sektor erforderlich machen. Abgleich und Übermittlung aus verschiedenen Datenquellen setzen eine Patientenidentifikation voraus. Die Zusammenführung könnte ein Treuhänder, z.B. ein moderner Datenschutz übernehmen. Die Analyse erfolgt anonymisiert im Bezug auf Patienten, nicht im Bezug auf Ärzte und Krankenhäuser.

Ein drittes Beispiel wäre die Führung von regional begrenzten Diabetes-, Rheuma-, Krebs- oder Herzinfarktregistern, die versorgungsbegleitend fortgeschrieben werden. In der Perspektive geht es um die Pflege einer zentralen elektronischen Krankenakte (5) mit Kontrolle der Versorgung und Ergebnissen für jeden Versorgungsträger. Von der Patientenanzahl, dem Altersspektrum und der Prognose sollte die Realisierung der Zustimmung der Patienten abhängen. Auch dieses Beispiel erfordert personenbezogene Daten, z.T. eine Aktualisierung der Adressen. Einwohnermeldeämter sind zum Lifestatus zu befragen, die Ermittlung der Todesursache auch nach Jahren kann erforderlich werden.

Folgende Aussagen sind anzufügen. Es gibt verschiedenste Forschungsansätze. Jeder ist u.a. durch eine klare Fragestellung, durch Erhebungszeitraum, Erhebungsumfang und Inhalt beschreibbar. Dabei ist es eine Aufgabe der biometrischen Methodik, mit einem Minimum an Patienten eine formulierte Hypothese zu beantworten. Dies gilt auch für notwendige bevölkerungsbezogene Erhebungen, die in der Regel regional begrenzt und damit leichter kontrollierbar sind. Der Personenbezug ist wegen der Identifikation in verschieden Datenkörpern für die Zusammenführung nötig. Dies kann z.T. von einem Treuhänder, einem modernen Datenschutz übernommen werden. Für die Datenanalyse reichen i.a. anonymisierte Daten. Rückfragen zur Datenqualität und zu Versorgungsabweichungen setzen natürlich den Personenbezug voraus. Wenn immer möglich werden Patienten über die Forschungsansätze informiert und um Mitwirkung gebeten.

Die Erfassung und Pflege von Patientenadressen ist aufwendig und fehleranfällig. Bei den meisten Forschungsaktivitäten könnte sie durch ein Personenkennzeichen ersetzt werden. Dem Gesetzgeber fehlte aber bisher der Mut zu dieser Verwaltungsvereinfachung und zugleich auch Unterstützung des Datenschutzes.

Nur in Ausnahmefällen sollten bundesweite Datenkörper, die Patienten und Datenurheber identifizieren lassen, toleriert werden. Denn bei relevanten Patientenzahlen besteht die Gefahr, daß sich zum einen der Staat durch eine Gesetzesänderung ein Zugriffsrecht erzwingt und zum anderen die kriminelle Energie potentieller Risikominimierer gesteigert wird. Für ungezügelte Sammelwut und deutschlandweite Erhebungen gibt es wenig Argumente und keine Finanzierung. Für die Versorgungsforschung ist eine öffentliche Kontrolle aller Forschungsschritte unproblematisch.

3. Forschungsbarrieren durch Datenschutz und Verwaltungshandeln

Welche Barrieren ergeben sich nun bei der Realisierung? Die Zustimmungspflicht, die faktische Anonymisierung und die Zweckbindung von Datenspeicherungen sollen aus wissenschaftlicher Sicht beleuchtet werden. Diese drei Aspekte sind in der Regel in jedem Forschungsansatz vermengt. Die Versorgungsforschung hat die Aufgabe, aus vorhandenen oder neu zu erfassenden Daten Erkrankungshäufigkeiten, Gesundheitsrisiken und Versorgungsqualität zu belegen. Wenn diese Forschung nur für den Aufbau von auswertbaren Datenkörpern personenbezogene Daten braucht, die dann anonymisiert werden, wirken Zustimmungspflicht und Zweckbindung als Forschungsverhinderung und sind eine Überregulation, weil von dieser Datenverarbeitung keine Rückwirkung auf die Patienten ausgeht.

Ein zweiter Aspekt ist die faktische Anonymisierung bzw das zugehörige Verwaltungshandeln. Als Beispiel sei das Defizitfeld der Todesursachenanalyse erwähnt. In den statistischen Landes- und Gesundheitsämtern liegen zu jedem Sterbefall Geburts- und Sterbedatum, Geschlecht, Gemeindekennzeichen und die Todesursache vor. Zwar haben u. a. Hochschulen Zugang auf Daten, "wenn die Einzelangaben nur mit einem unverhältnismäßig großen Aufwand an Zeit, Kosten und Arbeitskraft zugeordnet werden können" (BStatG § 16 Abs 6). Eine Übermittlung der Todesursache, z. B. für einen Studienpatienten, ist in den wenigsten Bundesländern möglich. Auch eine Analyse der ca. 1,8 Mio. Sterbefälle in Bayern der letzten 15 Jahren auf Gemeindeebene nur für den Zweck der Todesursachenregistrierung, nämlich die Todesursachen im zeitlichen Verlauf zu analysieren, scheitert an der fehlenden faktischen Anonymisierung. Denn auch nach Datenreduktion auf Geburts- und Sterbejahr lassen sich stets Einzelfälle auf Gemeindeebene identifizieren. D.h. von der Forschung kann nicht das härteste Bewertungskriterium für die Medizin adäquat analysiert werden, die Gesetze blockieren sogar ihre eigene Zielsetzung. Einen solcher Forschungsvorschlag diskriminiert sogar den Antragsteller durch die Absage, daß er damit einen Datenkörper mit zu hohem Mißbrauchspotential erhalten würde. Zur Verdeutlichung der Versorgungsrelevanz: in den letzten 15 Jahren sind der Herzinfarkt und Magenkrebs als Todesursachen um 30% bzw. 20% zurückgegangen. Wie waren die kleinräumigen zeitlichen Trends, z.B. in der Nähe von Herzzentren? Wo sind Wissenschaftsklauseln, die es erlauben, kontrolliert solche Analysen von einer Institution vornehmen zu lassen? Eine Forschungsfreiheit, bei der jeder das gleiche Recht auf eine Datenanalyse hat, wird damit für die Gesundheitsforschung nicht gefordert. Es geht darum, der Zwecksetzung in den Gesetzen gerecht zu werden.

Die Zweckbindung von Datensammlungen schränkt Forschung in zweifacher Hinsicht ein. Erstens betrifft dies die zusätzliche Erhebung von Daten. Im Krebsregistergesetz sind z. B. mit dem Zweck die zu erfassenden Daten vorgegeben. Sollte ein Forscher auf die Idee kommen, bei den nächsten 2.000 Patienten die Blutgruppe zur Überprüfung des Zusammenhangs mit Krebs erfassen zu wollen, so läßt das Gesetz keinen Spielraum. Die Erhebungsinhalte sind fixiert, Selbstverständlichkeiten wurden verrechtlicht und lassen keinen Forschungsfreiraum.

Zweitens ist die Verknüpfung von Daten zu nennen. Zur Bewertung der Versorgungsqualität ist für die Medizin das Überleben entscheidend. Da der Zweck des Meldewesens aber nicht die Übermittlung der einfachen Tatsache, daß ein Patient noch lebt, einschließt, ist in vielen Bundesländern keine Auskunft von Gemeinden zu erhalten. Die Nutzung dieser Daten, also ob das Mißbrauchspotential oder die Gefährdung der Betroffenen durch die Übermittlung wächst, ist die entscheidende Frage, die nicht gestellt wird.

4. Überregulierungen und Überinterpretationen

Ein weiteres wichtiges Forschungsfeld betrifft die Qualität der Versorgung. Wir geben jährlich 310 Mrd DM für Gesundheit aus. Was wird damit erreicht? Andere Länder analysieren vorhandene Daten nach Versorgungsstandards, Kosten und Nutzen für die zentrale Aufgabe, mit begrenzten Mitteln ein Maximum an Gesundheit zu produzieren. In unserem Gesundheitssystem wären dafür Daten aus ambulanten und stationären Quellen personenbezogen zusammenzuführen. Das ist trotz der Verpflichtung durch das SGB, eine qualitätssgesicherte, notwendige, zweckmäßige und kostengünstige Versorgung sicherzustellen, nicht zulässig. Unser Gesundheitssystem gleicht in manchen Aspekten einem Formel-1-Rennwagen auf einer tiefen Kiesbank, der sich trotz 800 PS nicht selbst befreien kann.

Ein weitere Gedanke dazu: in Zukunft wird quasi als Aufnahmebedingung die Zulässigkeit der Speicherung aller Versorgungsleistungen eines Patienten im Kleingedruckten der Vertragsbedingungen von privatwirtschaftlich getragenenen managed-care-Modellen stehen, ohne Einwände des Datenschutzes. Datenschutzerfolge zeigen deutliche Asymmetrien zwischen staatlichem und privatem Sektor. Forschung im Rahmen des bestehenden Versorgungssystems, d.h. die Exploration des Nutzen alternativer Versorgungskonzepte, ist heute entscheidend erschwert.

Zweckbindung und Übermittlung führten nach Inkrafttreten des Bayerischen Krebsregistergesetzes sofort zur Prüfung der Frage, ob Daten für das Tumorregister auch mit Arztbriefen übermittelt werden können. Weil im Gesetzestext der Begriff Formular zur Beschreibung eines einheitlichen Datensatzes verwendet wurde, wurde die Übermittlung von Arztbriefen als unzulässig kritisiert. Zu welcher Steigerung des Risikopotentials über das Wissen der Diagnose hinaus makro- und mikroskopische Befunde führen, wurde dabei nicht begründet.

Datenvermeidung ist zwar ein wichtiges Ziel. Aber wenn aus einem verfügbaren Dokument lediglich die Mitwirkung einer Institution exzerpiert wird, sollten doch auch schlanke, zuverlässige Erhebungswege toleriert werden. Noch befremdlicher ist der Anlaß: Arbeitsanweisungen von Vorgesetzten lassen sich am einfachsten durch Anfragen an den lokalen Datenschutz blockieren, die schnell Aktenordner in der Zuständigkeitskette füllen. Damit sei auch der vielschichtige, interessengebundene Mißbrauch der Datenschutzidee angesprochen, insbesondere wenn es um die Frage geht, Transparenz über Versorgungssituationen zu schaffen.

Bezüglich Einwilligung und Informationspflicht dürfte es ebenfalls ein breites, unterschiedliches Verwaltungshandeln geben. Es variiert von vage umschriebenen Erfassungsinhalten im Kleingedruckten eines Vertrages bis hin zur archivierten, persönlich unterschriebenen Erklärung des Patienten zu allen Details des jeweiligen Forschungsansatzes. Dieser Ansatz ist attraktiv, weil er der Freiheit des Individuums entgegenkommt. Ist es aber auf der anderen Seite so schwer verständlich, daß z.B. nach der Eröffnung der Diagnose Krebs, gegebenenfalls mit absehbarem schicksalshaften Ausgang, eine Aufklärung über Datenschutzmechanismen, Übermittlungswege, Nutzen usw fast inhuman ist, und von einem Arzt nicht verlangt werden kann? Auch für Gesetze sollte beachtet werden, in welchen Situationen „demokratische Haltungen" exerziert werden sollen. Was hat es mit Freiheit des Betroffenen zu tun, der auf Leistungen der Gegenseite angewiesen ist? Hier wird nur der Anschein gewahrt, man bewegt sich in virtuellen Realitäten. Auch die allzumenschliche Haltung, Ärger durch eine zukunftsoffensive Gesetzgebung ohne Informationspflicht für das eigene Haus zu vermeiden, wenn sich die Kollegen vom Datenschutz dann der Öffentlichkeit zwecks Gegensteuerung leichter bedienen können, ist zu erwähnen.

5. Impulse durch adäquate Rahmenbedingungen

Eine wichtige Folgewirkung sollte auch bedacht werden. Mit der Diskussion um Datenschutz und Datenmißbrauch dürfte in der Gesellschaft auch Furcht vor Technik und Angst vor Veränderungen, vor Neuem und den damit verbundenen Risiken geschürt werden. Wir verringern damit unsere Entwicklungs- und

Zukunftsfähigkeit. Während in Deutschland für klinische Studien, diskriminiert z. T. als Experiment mit Menschen, schwer Patienten zu gewinnen sind, wird in den USA die proportionale Einbeziehung aller Rassen in Studien zur Verpflichtung. Kliniken werben sogar im Internet mit Studien, für die sie Patienten rekrutieren. Rahmenbedingungen können unterschiedliche Zukunftsorientierung schaffen. Als positive Wirkung von Rahmenbedingungen sei die zentrale Registrierung der Todesursachen in den USA, Kanada oder England zu nennen. Einschlägige Forschungsprojekte haben die Auflage, alle Aspekte für den notwendigen Abgleich sicherzustellen. Datenübermittlung ist Forschungsbedingung.

Wäre nicht die öffentliche Propagierung z.B. der Krebsregistrierung mit Versicherung der Prüfung der Versorgungsqualität, des Monitoring der regionalen Häufigkeiten ein Schritt zur Enttabuisierung, zur Qualitätssteigerung und Vertrauensbildung und zur Reduzierung der Wirkungsmöglichkeiten von Scharlatanen? Die Kontrolle durch die Öffentlichkeit wäre selbstverständlich und das Widerspruchsrecht der Betroffenen zur Speicherung wäre gewährleistet.

Die Aussage der DFG ist zutreffend. Unter unseren Rahmenbedingungen in Deutschland lassen sich bestimmte Fragestellungen nicht bearbeiten. Damit erstickt das Forschungsinteresse schon im Keim und die Frage Forschungsfreiheit stellt sich gar nicht. Steht das Inkrafttreten z.B. des Bayerischen Krebsregistergesetzes trotz einiger Überregulierungen nicht dazu im Widerspruch? Das Gegenteil ist der Fall. Wenn für epidemiologische Forschung und die Zusammenarbeit der Medizin in einer überschaubaren Region wie München für eine Erkrankung wie Krebs nach 15 Jahren Diskussion erst eine gesetzliche Regelung für epidemiologische Forschung geschaffen werden muß, so kennzeichnet dies bei Erkrankungen wie Schlaganfall, Krebs, Diabetes oder Herzinfarkt, die die Bevölkerung belasten, die Rahmenbedingungen der Medizin in Deutschland und die fehlende Zukunftsorientierung des Staates. Gibt es denn wirklich keine andere Möglichkeit, als der Generalklausel des Volkszählungsurteils mit hunderten von Einzelregulierungen zu begegnen? Ein anderer Aspekt ist die Tatsache, daß in 16 Bundesländern eigene Krebsregistergesetze entwickelt wurden, mit sehr unterschiedlichen Regulierungen und 16fachen Arbeitsaufwand bei gleicher Zielsetzung.

Auch die bekannte Tatsache ist anzusprechen, daß der Gesetzgeber mit seinen Regulierungsmaßnahmen hinter der Realität herhinkt. Welcher Zeitgeist bestimmte die Gesetzgebung der 80er Jahre? George Orwells 1984 und Szenarien des Bundeskriminalamtes mit Rasterfahndungen, riesigen Speichern standen Pate. Die Gesetze wurden für die Abwehr des Staates konzipiert, wirken aber restriktiv auf die Forschung. Chancen der Informationsgesellschaft werden durch Gesetze als A-priori-Bedenkerträger verspielt. Damals war der Begriff Krebs partiell noch tabu. Heute gibt es in jedem Krankenhaus Schilder mit Tumorsprechstunde. Die Gesetze können dem Zeitgeist nicht folgen.

Zur Kritik gehört natürlich auch der Verweis auf heute im privatwirtschaftlichen Sektor tolerierte Datenerhebungen und Übermittlungen. Die Kontenbewegungsprofile der Banken, die Gesundheitsdaten der Versicherungen oder der Zugriff des Staates auf den Telefonverkehr sind Beispiele. Dazu ist die personenbezogene Übermittlung zur Absicherung der Versorgungsqualität ohne Auswirkung und Persönlichkeitsbeeinträchtigungen auf die Patienten zu kontrastieren. Die Medizin als Lobby der Patienten scheint zu schwach, um überhaupt datenschutzrelevante Datenkörper aufzubauen.

Die Beispiele zeigen aber zugleich auch die große Bedeutung des Datenschutzes. Sensibilität für die Problematik wurde erfolgreich vermittelt, angefangen von der Datenvermeidung, der Datenintegrität bis zur Datensicherheit durch organisatorische und technische Maßnahmen. Unausgewogen ist aber bisher der Interessenausgleich zwischen Forschungsfreiheit oder sogar Forschungspflicht und dem Persönlichkeitsschutz.

6. Strukturdefizite in der Medizin

Die problematischen Rahmenbedingungen für unseren Medizinstandort sind z. T. natürlich auch der Medizin anzulasten. Eine kritische Diskussion der Forschungsziele ist kaum wahrzunehmen. Die Kostenproblematik, die Ethik ärztlichen Handelns in verschiedenen Bereichen von der Gentechnik, der Transplantationsmedizin bis zur Intensivmedizin binden Kräfte. Eine Überbewertung der Entwicklung von Neuem im Vergleich zu Fragen der Umsetzung, der Kosten und des Nutzens des etablierten Wissens kennzeichnet die Medizin. Public-Health-Themen sind nicht attraktiv, nicht karrierefördernd. Auch sind die Partikularinteressen zu stark auf ihren Anteil an den 310 Mrd DM fokussiert und verlieren leicht das Allgemeininteresse aus dem Auge.

Zu den Strukturdefiziten am medizinischen Standort Deutschland gehört natürlich auch die materielle Seite. Bei Forschungsinteressen dominieren heute kommerzielle Aspekte, die letztlich zur Produktion von Lifestyle-Medikamenten und zur Vernachlässigung von orphaned drugs, Placeboforschung, von Studien zur Medikamenteneinsparung usw. führen. Es fehlt an gemeinnützigen und öffentlichen Gegengewichten, um naheliegende, sozial relevante Fragen zur Gesundheit und Versorgung aufzugreifen, zumal Forschung bisher ein Stiefkind der Politik war. Ein Strukturdefizit liegt deshalb in der fehlenden Einsicht, bei einem Gesundheitsetat von knapp 310 Mrd. DM auch proportional angemessen Investitionen für die Informations- und Kommunikationsstruktur bereit zu stellen.

Ein Strukturdefizit ist auch die Ausgestaltung der Paradigmas der elektronischen Krankenakte (5), der Antithese zum Datenschutz. Das Berufsrecht verpflichtet Ärzte zur Aufzeichnung der Befunde und Maßnahmen. Fehlende

Aufzeichnungen schaffen aussichtslose Positionen in Kunstfehlerprozessen. Die Datenaufzeichnungen dienen der Unterstützung der Versorgung, bei interdisziplinärer Behandlung werden Abgleich und Übermittlung erforderlich. A-priori-Entscheidungen über die Zulässigkeit fehlt per definitionem die Erfahrung, an die man sich experimentell herantasten muß, um Nutzen und Schaden bewerten zu können. Auch hier werden private Verträge mit Praxisnetzen Fakten schaffen, deren Bewertung der Datenschutz im öffentlichen Bereich blockiert.

7. Recht auf Daten und Pflicht der Übermittlung

Es erscheint zweckmäßig, die aufgezeigten datenschutzrelevanten Begriffe, mit denen wir heute die Realität begreifen, etwas zu erweitern, vielleicht ein bißchen "vom Kopf auf die Füße zu stellen". Wer vom Schutz der Daten spricht, sollte sich stets auch die Frage stellen: Gibt es nicht gerade in der Medizin ein Recht auf Daten und eine Pflicht, Daten personenbezogen bereitzustellen? Die Menge unsere Möglichkeiten ist heute riesig. Besteht nicht die Pflicht, für Folge- und Zusatzbehandlungen nachbetreuender Ärzte alle Daten zur Verfügung zu stellen? Können wir uns wirklich wegen fehlender personenbezogener Datenübermittlung sinnlose, kostspielige und zum Tel gefährdende Doppelbefundungen leisten? Dürfen wir einfach aufgrund nicht übermittelter Verordnungen von lebensgefährlichen Medikamentenwechselwirkungen wegsehen?

Warum ist es nicht denkbar, durch eine moderne, telemedizinisch zugängliche Krankenakte mit einfachsten Prüfungen zumindest die notwendige Versorgung zu unterstützen? Die Wissenslawine überfordert zunehmend die Medizin und erschwert die state of the art Versorgung. Es gibt viele Beispiele, die zeigen, daß durch ein zeitgemäßes Kommunikations- und Informationsmanagement, so wie es Banken nutzen und wir es von einer konkurrenzfähigen Automobilindustrie erwarten, Sterbefälle vermieden werden könnten. Schützen wir etwa Daten um jeden Preis? Datenschutzgerechte Übermittlung, Zugriffsschutz, oder Nachvollziehbarkeit der Nutzung sind realisierbar und reduzieren Gefährdungen a priori. Wo sind entsprechende Forderungen der Institutionen, die sich der Gesundheit der Bürger und Patienten verpflichtet fühlen. Wir brauchen eine Experimentierkultur, um Erfahrungen zu sammeln und dann bewerten und entscheiden zu können.

8. Perspektiven für eine vom Datenschutz unterstützte Wissenschaft

Forschungsfreiheit kann kein Freibrief für Staatsdiener sein, das zu tun, was Spaß macht. Sie ist vereinbar mit Wertebewußtheit. Sie ist vereinbar mit Prüfungen von

Ideen durch Fachgesellschaften, Forschungsförderung und Ethikkommissionen. Auch dies wäre natürlich keine Forschungsfreiheit sondern Kontrolle der Forschung mit regionalen und subjektiven Entscheidungen, aber wenigstens keine generelle Blockade. Wenn dann trotz gesellschaftlicher Relevanz die notwendigen Schutzmauern nicht mit Experimentier- und Wissenschaftsklauseln kontrolliert zu tunneln sind, ist die Schlußfolgerung der DFG für den Medizinstandort Deutschland zutreffend.

Es gibt also den Reformstau, d.h. jede Änderung ist eine Verbesserung. Zusätzlich brauchen wir für unsere Zukunftsfähigkeit auch den Reformversuch, das kritische Ausloten von Chancen und Risiken mit der offenen Frage, ob es wirklich besser wird, wenn es anders wird. Das ist nur eine Umschreibung von Forschung, dem Aufbruch in Neuland. Solche Freiheitsgrade für das Allgemeininteresse sollten vom Gesetzgeber gesehen, eingeräumt und nicht durch Generalklauseln a priori gekappt werden. Wissenschaftsklauseln wären zugleich ein Zeichen von Bescheidenheit des Gesetzgebers, daß kein noch so klug abwägendes Gesetz heute die Forschung von morgen für ihre Vorstöße in Neuland in ein harmonisches Gleichgewicht mit dem Selbstbestimmungsrecht bringen kann. Alle Versorgungsträger einer Region sind bzgl Versorgungsforschung als Einheit zu begreifen, Neues zu erkennen und umzusetzen, praktisch ein Manhattan-Projekt der Medizin. Ein moderner Datenschutz ist zur Mitgestaltung, zur Produktion von Wissen für die Wissensgesellschaft, zum Schutz der Gesundheit der Bevölkerung und nicht zur Blockade aufgerufen.

Dies entspricht auch den Anregungen von H.Bull, dem ehemaligen Bundesbeauftragten für den Datenschutz: "Ich meine, wir müssen die ursprüngliche Diskussion um Sinn und Unsinn des Datenschutzes neu aufnehmen und sie noch einmal genauer und vor allem wahrhaftiger führen, zum anderen aus der Rückbesinnung auf die Ziele auch die Gestaltung der Mittel noch einmal überprüfen. Das bedeutet nicht, daß ein ganz neues "Konzept" für den Datenschutz gesucht werden muß; vielmehr sind Fehlentwicklungen zu korrigieren, Übertreibungen zurückzunehmen und Defizite auszugleichen, die im Laufe der Zeit sowohl in der Rechtsetzung wie in der Anwendung entstanden sind." (4)

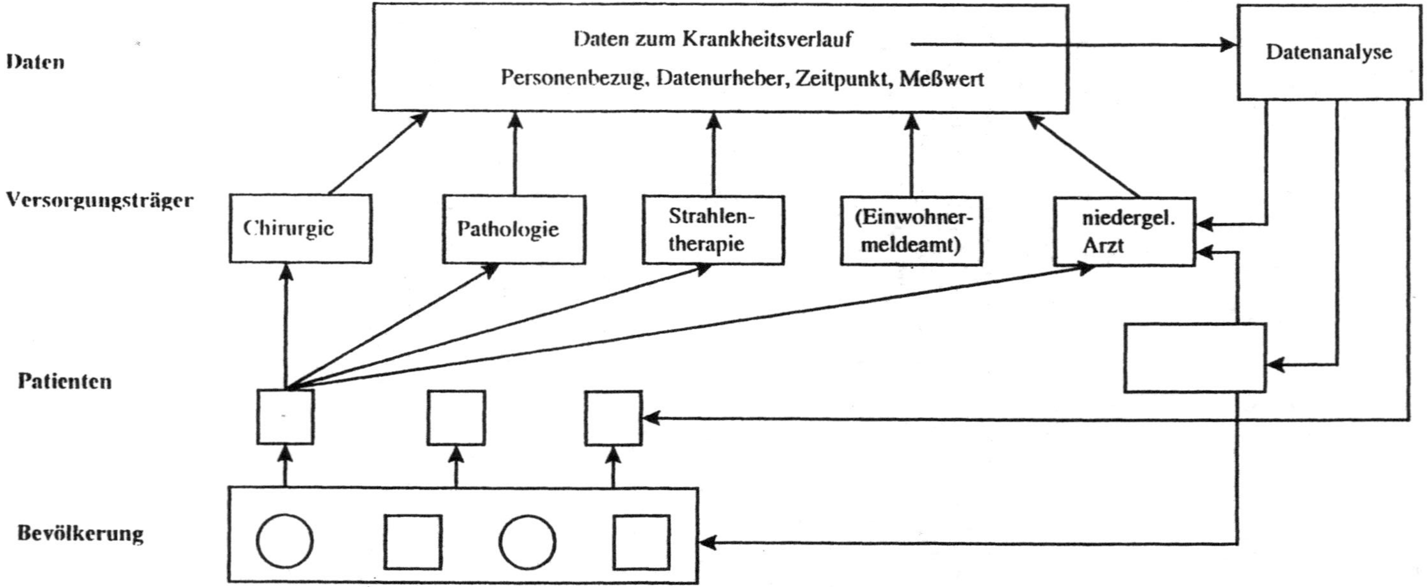

Ergebungsansatz: Stichproben (Bevölkerung, Patienten), partielle oder vollzählige Erhebung in einer Region, einer oder mehreren Kliniken zu einem definierten Gesundheitsstatus

Abb. 1: Erhebung und Nutzen von Daten
Für die adäquate Versorgung und eine empirische Wissenschaft wie die Medizin sind Daten aus verschiedensten Quellen zusammenzuführen. Die Hauptnutzung liegt in der Fortschreibung von Wissen. Kontrolle der Versorgungsqualität, d.h. Rückwirkungen auf Datenurheber liegt im Algemeininteresse. Diese Aufzeichnungspflicht gerät in Widerspruch zum Datenschutz und zur Zustimmungspflichtigkeit der Datenspeicherung.

Literatur:

1. H.P.Bull: Mehr Datenschutz durch weniger Verrechtlichung – zur Überarbeitung von Form und Inhalt der Datenschutzvorschriften. In H.Bäumler (Hrsg): Der neue Datenschutz, Luchterhand, Neuwied, 1988

2. Datenschutzbeauftragte: 10 Punkte für einen Politikwechsel zum wirksamen Schutz der Privatsphäre. Presseerklärung der Berliner Datenschutzbeauftragten vom 4.11.1998

3. DFG: Forschungsfreiheit - ein Plädoyer für bessere Rahmenbedingungen in Deutschland, VCH, Weinheim, 1996

4. EU: Directive 95/46/EC of the European Parliament and the Council of 24 Oct 1995 on the protection of individuals with regard to the processing of personal data and on the free movement of such data. Official Journal of the EC No L 281/31

(34): whereas Member States must also be authorized, when justified by grounds of important public interest, to derogate from the prohibition on processing sensitive categories of data where important reasons of public interest so justify in areas such as public health and social protection – especially in order to ensure the quality and cost-effectiveness of the procedures used for settling claims for benefits and services in the health insurance system – scientific research and government statistics;

5. Hölzel D, Adelhard K, Eckel R et al: Die elektronische Krankenakte. Ecomed, Landsberg 1994

6. Olds D et al: Long-term effects of nurse home visitation on childrens criminal and antisocial behavior, JAMA, 1998, 280,1238

Beispiel für randomisierte Studie mit Langzeitbeobachtungen und vielen Datenquellen: Junge alleinstehende Mütter wurden während der Schwangerschaft und bis zu 2 Jahren nach Geburt des Kindes von Sozialhelfern betreut und die Auswirkungen auf Kinder im Alter von 15 Jahren auf das soziale Verhalten aus verschiedensten Datenquellen (Familie,Schule, Gesellschaft) analysiert.

7. Stevens J et al: The effect of age on the association between body-mass index and mortality, N Engl J Med 1998, 338, 1-7

Beispiel für eine große Kohortenstudie: Für 320.000 Männer und Frauen wurden 12 Jahre der Lifestatus und alle Todesfälle registriert und Zusammenhänge mit vielen klinischen Befunden überprüft.

Forschung in der Pharmakoepidemiologie und Probleme durch nationale und europäische Datenschutzgesetzgebung

Annekarin Bertelsmann

Merkmale der pharmakoepidemiologischen Forschung

Die Pharmakoepidemiologie ist die Grundlagenwissenschaft der Arzneimittelsicherheit. Sie setzt epidemiologische Methoden und Denkweisen mit dem Ziel ein, die Anwendung von Arzneimitteln, die sich bereits auf dem Markt befinden, sicherer zu machen. Die Forschung in der Pharmakoepidemiologie basiert auf Beobachtungen. Sie ist keine Disziplin, die sich experimenteller Methoden bedient und unterscheidet sich daher erheblich von der gängigen medizinsch-klinischen Forschung. In klinischen Prüfungen wird unter kontrollierten Bedingungen jedem Patienten die Medikation vom Prüfer zugewiesen. Diese ist entweder die neue Medikation, eine akzeptierte Standardtherapie oder ein Placebo. Die Arzneimittelanwendung in der klinische Prüfung ist durch ein künstliches Szenario charakterisiert, das nicht mit der realen Anwendung eines Arzneimittels in der täglichen medizinischen Praxis vergleichbar ist. In der Tabelle 1 werden die Merkmale der Arzneimittelanwendung in klinischen Prüfungen denen der täglichen medizinischen Praxis gegenübergestellt.

Tabelle 1

Merkmale der Arzneimittelanwendung in klinischen Prüfungen und in der täglichen Praxis

klinische Prüfung	*tägliche Praxis*
geringe Anzahl von Patienten	*große, in der Regel unbekannte Anzahl von Arzneimittelanwendern*
zeitlich begrenzter, in der Regel kurzer Anwendungszeitraum	*jedweder Anwendungszeitraum, auch über einen langen Zeitraum*

nach strengen Kriterien ausgewähltes Patientengut	*breites Spektrum von Anwendern (z.B. auch Kinder, Schwangere, multimorbide, alte Menschen)*
möglichst homogene Patientengruppe mit geringer interindividueller Variabilität	*inhomogene Anwendergruppe mit großer interindividueller Variabilität*
enggefaßte Indikationen, gesicherte Diagnose, kaum Begleiterkrankungen	*Anwendung auch bei Kontraindikationen, vielfältigen Begleiterkrankungen und inkorrekter Diagnose*
exakte Dosierung	*Anwendung von Unter- bis Überdosierung*
keine oder kontrollierte Komedikation	*große Anzahl gleichzeitig eingenommener Arzneimittel*

Aus diesen Unterschieden ergibt sich, daß nicht alle Fragen hinsichtlich des Nutzens und des Risikos von Arzneimitteln anhand von klinische Prüfungen beantwortet werden können.

Im August erschien in der Frankfurter Allgemeinen Zeitung (FAZ) ein Artikel von Rainer Flöhl mit der Frage: „Arzneimittel immer gefährlicher?“ Flöhl weist in seinem Artikel auf die Bedeutung einer globalen Überwachung neu eingeführter Arzneimittel hin, da bei rund 50 Prozent dieser Präparate mit schweren Nebenwirkungen gerechnet werden muß, die vor einer Zulassung aus statistischen Gründen gar nicht festgestellt werden können.

Die Ermittlung von bisher unbekannten Arzneimittelrisiken setzt jedoch die Beobachtungen und das Sammeln von Daten bei Einzelpersonen voraus. Dabei beschränkt sich die Pharmakoepidemiologie nicht darauf, die Häufigkeit von unerwünschten Arzneimittelwirkungen zu ermitteln, sondern untersucht auch mögliche Auswirkungen eines inadäquaten Gebrauchs sowie den Nutzen des Arzneimitteleinsatzes sowie das Ausmaß und den natürlichen Verlauf von Erkrankungen.

Methodenspektrum der Pharmakoepidemiologie

Um Schlüsse für ganze Populationen ableiten zu können, bedient sie sich also der Beobachtung von Einzelpersonen, ohne in irgendeiner Form intervenierend einzugreifen. Dazu werden entweder Daten von bereits vorhandenen Krankengeschichten oder aus Sekundärdatenquellen benutzt und/oder direkt von Patienten erhoben. Als Untersuchungsmethode kommen Datenbankverbindungen und die Durchführung von Fallkontroll- sowie Kohorten-Studien in Frage. Jede der Methoden hat hinsichtlich des Datenschutzes ihre eigenen Probleme. Heutzutage basiert die Forschung in der Pharmakoepidemiologie im großen Maße auf prospektiven Beobachtungen mit zurückverlegtem Beginn bei einer sehr großen Zahl von Personen durch die Analyse von Datenbeständen, die bereits vorhanden sind, weil sie zu anderen Zwecken erhoben wurden.

Konflikte mit Datenschutzgrundsätzen

Die klinische Prüfung ist der Forschungszweig in der medizinischen Wissenschaft, der weltweit wohl am gründlichsten geregelt ist. Das Einverständnis des Patienten ist vor Beginn der Prüfung einzuholen. Die Prüfung läuft über einen im voraus definierten, begrenzten Zeitraum und nach Beendigung der Prüfung ist auch eine Anonymisierung der persönlichen Daten denkbar. Die Form des Studiendesigns und die Good Clinical Practice-Regelungen (GCP) machen einen Konflikt mit Datenschutzprinzipien vermeidbar. Aber gerade weil sich die Methodik und Denkweise der pharmakoepidemiologischen Forschung grundlegend von dieser Vorgehensweise unterscheidet und diese Erfordernisse noch keinen Eingang in die nationalen Datenschutzprinzipien gefunden haben, ergeben sich für ihre Forschung Konflikte aus der augenblicklichen Situation in der Datenschutzgesetzgebung.

Die verschiedenen Konfliktsituationen sollen anhand eines aktuellen Beispiels aus der Arzneimittelsicherheit verdeutlicht werden. Es betrifft die Anwendung von Appetitzüglern, die im Verdacht stehen, lebensbedrohliche Störungen der Herzklappenfunktion zu induzieren. Diese Arzneimittel werden von übergewichtigen aber sonst in der Regel gesunden Personen eingenommen. Zur Beantwortung der Risikofrage ist es nicht nur erforderlich, die Gesundheit von Personen, die zur Gewichtsreduktion mit dem verdächtigten Arzneimittel exponiert wurden, vom Zeitpunkt ihrer ersten Einnahme an bis heute zu verfolgen, sondern dies auch bei ähnlich übergewichtigen Personen in gleicher Weise zu tun, die statt der Arzneimittel eine Diät gemacht haben, um eine Gewichtsreduktion zu erreichen. Die Beobachtung der Vergleichsgruppe ist erforderlich, weil untersucht werden muß, ob durch eine Gewichtsreduktion per Diät auch eine Veränderung an den Herzklappen auftreten kann.

Zweckbindung der Datenerhebung

Zur Ermittlung der oben dargestellten Zusammenhänge und zur Quantifizierung des Effektes als Nebenwirkung des angewendeten Arzneimittels, kann man nur auf Daten zurückgreifen, die bereits für andere Zwecke erhoben worden sind. Also steht der Grundsatz der Zweckbindung der Daten in Konflikt mit der Situation bei der Ermittlung von Arzneimittelrisiken. Würde dieser Grundsatz auf die Ermittlung von Arzneimittelrisiken angewendet, würde es bedeuten, daß das Risiko definierbar sein muß und Daten dann zum Zweck der Aufklärung erhoben werden müßten. Dieses Prinzip, das eine zeitliche Reihenfolge impliziert, funktioniert in der Arzneimittelsicherheit aus verschiedenen Gründen nicht. Die Gefährdung eines Patienten durch ein Risiko, das mit der Arzneimittelanwendung verbunden ist, läßt sich nicht vorhersehen und ganz besonders dann nicht, wenn es sich um ein Risiko handelt, das sehr selten ist. Auf der anderen Seite ist es ethisch unvertretbar, bei Verdacht auf ein Risiko viele weitere Patienten mit dem Arzneimittel zu exponieren mit der Maßgabe, Daten zu erheben, um ein mögliches Risiko zu ermitteln.

Dauer der Speicherung und Löschung von Daten

Ein weiterer besonderer Punkt in der Erforschung von Arzneimittelrisiken ist, daß Arzneimittelschädigungen sich häufig erst nach langem Gebrauch oder als Spätschäden manifestieren. So kann es vorkommen, daß ursprünglich für Studien mit begrenzter Dauer und Fragestellung gespeicherte Daten nach langen Zeiträumen erneut und unter nunmehr neuen Gesichtspunkten bedeutsam werden. Die angeschuldigten Appetitzügler sind z. B. bereits seit 1963 bzw. seit 1985 auf dem Markt.

In einem anderen Fall eines Arzneimittelrisikos, der aus der Literatur[1] bekannt ist, entwickelten junge Frauen ein Vaginalkarzinom, nachdem sie ca. zwei Jahrzehnte zuvor im Mutterleib mit einem Diethylstilboestrol-haltigen Arzneimittel exponiert worden sind. Weiterhin hat z. B. eine Reihe von epidemiologischen Studien gezeigt, daß eine Hormonsubstitutionstherapie, die kein Progesteron enthält, bei Frauen in der Menopause das Risiko von Gebärmutterkrebs deutlich erhöht[2]. Diese Erkenntnis hat eine große Bedeutung für die öffentliche Gesundheit und führte in großem Maße zur Veränderung der Hormonsubstitutionstherapie.

In der pharmakoepidemiologischen Forschung ist zwar die Identifizierung eines Individuums als eine Person erforderlich, nicht aber ihre Identität. Das bedeutet, daß der Name und eine Adresse einer bestimmten Person keine Bedeutung hat, um eine Studie durchzuführen oder zu interpretieren. Wohl aber kann die Identität zu einem der Studie vorausgehenden Zeitpunkt erforderlich sein, um den Verbindungsprozeß von Daten aus verschiedenen Bereichen eindeutig zu machen. Um Arzneimittelrisiken oder den natürlichen Verlauf von Krankheiten zu erforschen, müssen Gesundheitserfahrungen und Arzneimittel-

---

[1] Herbst AL, Robboy SJ, Scully RE, Poskanzer DC, Clear-cell adenomcarcinoma of the vagina and cervix in girls : An analysis of 170 registry cases, Am J Obstet Gynecol 119: 713-724, 1974

[2] Smith DC, Prentice R, Thompson DJ, Hermann WL. Association of Exogenous Estrogen and Endometrial Carcinoma, N Engl J Med 293:1164-1167, 1975

exposition, die ein Individuum in der Vergangenheit über einen gewissen Zeitraum gemacht hat, eindeutig aus verschiedenen Quellen zusammengeführt werden, bevor sie dann für die Durchführung der Studie von der Identität des Betroffenen getrennt werden können. Eine faktische Anonymisierung von Daten kann in diesem Konflikt helfen, eine absolute Anonymisierung wird in der pharmakoepidemiologischen Forschung nur in Einzelfällen möglich sein.

Darin liegt ein Konflikt, weil das Verbot der Verarbeitung personenbezogener Daten über die Gesundheit wohl für genauso unverzichtbar eingestuft wird wie die Forderung nach mehr Sicherheit bei der Arzneimittelanwendung. Für die Abwägung dieser beiden Rechtsgüter wäre es hilfreich, wenn vom Gesetzgeber pharmakoepidemiologische Forschung als im „öffentlichen Interesse" liegend benannt würde.

Die Erhebung beim Betroffenen und seine Einwilligung

Idealerweise würde ein Pharmakoepidemiologe jede Studienperson über die Untersuchung informieren und die Einwilligung erbitten. Dies ist jedoch kaum durchführbar, wenn das Design der Studie die Verbindung von Datenbanken erfordert, die Daten enthalten, die in weit zurückliegenden Jahren gesammelt wurden. Der Grundsatz der Einwilligung des Betroffenen ist bei dieser Studienart, die auf der Beobachtung des bereits Geschehenen basiert, sicher anders zu bewerten als bei experimentellen Studien, in denen die Person die Einwilligung zu einer nachfolgenden Exposition und Verarbeitung der Daten über die Folgen der Arzneimittelanwendung gibt. Je nach Fragestellung und erwarteter Häufigkeit eines Arzneimittelrisikos erfordert die Fragestellung den Einschluß von mehreren Tausend bis einigen Millionen Personen in eine pharmakoepidemiologische Studie.

Bei Studien dieses Umfangs stellt sich nicht nur die Frage nach der Einwilligung, sondern der Grundsatz der Erhebung von Daten beim Betroffenen stellt auch ein Problem dar, das einer besonderen Betrachtung und wohl auch Regelung bedarf.

Datenschutzrechtliche Prinzipien der EU-Richtlinie

Fragen des Datenschutzes können seit der Verkündigung der Richtlinie 95/46/EG des Europäischen Parlamentes und des Rates vom 24. Oktober 1995 zum Schutz natürlicher Personen bei der Verarbeitung personenbezogener Daten und zum freien Datenverkehr nicht mehr isoliert bundes- oder landesrechtlich betrachtet werden, sondern haben eine zusätzliche europäische und auch eine internationale Dimension. Das gilt besonders für die Forschung in der Arzneimittelsicherheit, da viele Studien multizentrisch, d.h. gleichzeitig in mehreren Ländern durchgeführt werden und ein Arzneimittelrisiko sich nicht auf eine nationale oder europäische Region beschränkt.

Die Gesetzgeber in der Europäischen Kommission haben das erkannt und in der Richtlinie entsprechende Möglichkeiten zur Regelung vorgehalten. Es bleibt aber den Mitgliedsstaaten überlassen, davon Gebrauch zu machen. So können die Mitgliedsstaaten unter Formulierung von entsprechenden Schutzgarantien national regeln, daß die Weiterverarbeitung von Daten zu historischen, statistischen oder wissenschaftlichen Zwecken im allgemeinen nicht als unvereinbar mit den Zwecken der vorausgegangenen Datenerhebung anzusehen ist [Art. 6 Abs. 1 (b)], daß die Verarbeitung von personenbezogenen Daten im öffentlichen Interesse erfolgen darf [Art. 7 (e)] und daß die Verarbeitung von Gesundheitsdaten nicht verboten ist, wenn sie zum Zweck der Gesundheitsvorsorge (Prävention), der medizinischen Diagnostik, der Behandlung oder für die Verwaltung von Gesundheitsdiensten erforderlich ist. Die Richtlinie macht allerdings zur Bedingung, daß diese Verarbeitung nur durch ärztliches Personal oder sonstige Personen erfolgen darf, die der Geheimhaltungspflicht unterliegen [Art. 8 Abs. 3]. Weiterhin können die Mitgliedsstaaten vorbehaltlich angemessener Garantien aus Gründen eines wichtigen öffentlichen Interesses - und die Arzneimittelsicherheit ist sicherlich als solches einzustufen - entweder im Wege einer nationalen Rechtsvorschrift oder im Wege einer Entscheidung der Kontrollstelle andere als die genannten Ausnahmen vorsehen [Art. 8, Abs. 4].

Verbleibende Problembereiche auf nationaler Ebene

Probleme für die Forschung in der Pharmakoepidemiologie, die auf nationaler Ebene direkt mit der vorgesehenen Umsetzung der EU-Richtlinie verbunden und bereits jetzt erkennbar sind, ergeben sich teilweise aus dem vorgelegten Entwurf zur Änderung des Bundesdatenschutzgesetzes und sind teilweise durch divergierende Auffassungen in einem föderalen System begründet. Die EU-Richtlinie macht bei der Verarbeitung von personenbezogenen Daten weder einen Unterschied zwischen öffentlichen oder nichtöffentlichen Stellen, noch sieht sie eine Abweichung von den Regelungen durch konkurrierende Gesetze oder durch Gesetze auf einer hierarchisch nachgeordneten Stufe vor.

Ein Defizit bei der nationalen Umsetzung der Richtlinie 95/46/EG ist erkennbar, weil von möglichen Ausnahmeregelungen bisher nicht oder nicht hinreichend Gebrauch gemacht worden ist beziehungsweise viele Regelungen keine entsprechende Berücksichtigung in dem vorgelegten Entwurf gefunden haben. Darüber hinaus ist noch völlig unklar wie und in welchem Umfang die Prinzipien der europäischen Richtlinie Eingang in die Datenschutzgesetze der Bundesländer finden. Dies ist nicht nur einer innerstaatlichen sondern auch einer europäischen Harmonisierung des Datenschutzes hinderlich. Zu den bundesländerspezifischen Problemen ist hauptsächlich anzumerken, daß die Rechtsgüterabwägung zwischen dem Persönlichkeitsrecht und dem Recht auf Freiheit von Forschung und Lehre in der Bundesrepublik Deutschland derzeit eine Entscheidung im Einzelfall ist, die zwischen antragstellendem Forscher und dem zuständigen (Landes-) Datenschutzbeauftragten besprochen und entschieden wird. Leider fehlen beiden allgemeingültige rechtliche Verfahrensregeln, die eine sachgerechte, über das Bundesland hinaus geltende, gleichartige datenschutzrechtliche Bewertung zuläßt. Darüber hinaus fehlt dem Forscher die sonst übliche richterliche Überprüfung von Verwaltungsbescheiden. Diese ist wiederum auch in der EU-Richtlinie in Art. 28 Abs. 3 (letzter Satz) vorgesehen.

Zusammenfassung

Probleme für die nationale und internationale Forschung in der Arzneimittelsicherheit sind aufgrund der bestehenden und vorgesehenden Regelungen im Datenschutz zu erwarten, weil :

- Abweichungen des BDSG bzw. NDSG von den Bestimmungen der EU-Richtlinie 95/46/EG
- abweichende Bestimmungen in Landesdatenschutzgesetzen im Vergleich zum BDSG/NDSG
- unterschiedliche Regelungen in Spezialgesetzen (SGB V, X, Krebsregistergesetz, Bundesstatistikgesetz im Vergleich zu der EU-Richtlinie)
- unterschiedliche Auffassungen bei Landesdatenschützern (z. B. Auslegung der Anonymisierung) vorhanden sind oder
- die Möglichkeit zur (richterlichen) Überprüfbarkeit von belastenden Entscheidungen eines Datenschutzbeauftragten ebenso fehlt wie
- Leitlinien (i.S. einer Verwaltungsvorschrift) zur vereinheitlichten Interpretation von unbestimmten Begriffen wie z.B. „öffentliches Interesse" oder
- Leitlinien (i.S. einer Verwaltungsvorschrift) zur Rechtsgüterabwägung im Konflikt zwischen dem Persönlichkeitsrecht (i.S. Art. 2. i.V. mit Art. 1 Grundgesetz (GGS) und dem Recht auf Freiheit von Forschung und Lehre (i.S. Art. 5 GGS).

Rechtliche und ethische Konfliktbereiche bei der Planung und Durchführung klinischer Studien

Jürgen Windeler

Trotz der außerordentlich großen Verbreitung klinischer Studien und ihrer uneingeschränkt hohen, eher noch zunehmenden allgemeinen Wertschätzung besteht doch immer wieder Klärungs- und Rechtfertigungsbedarf bzgl. einzelner Punkte. Teilweise handelt es sich dabei um bekannte, aber immer wieder neu abzuwägende ethische Konflikte, teilweise um die Notwendigkeit, Mißverständnissen zu begegnen, teilweise auch um die Diskussion neuer Entwicklungen und Vorgehensweisen. Im folgenden sollen aus der fachlichen Perspektive des Autors einige Bereiche angesprochen und diskutiert werden, die in besonderem Maße von dem Spannungsfeld zwischen biometrischen Anforderungen für klinische Forschungsprojekte einerseits und rechtlich-ethischen Problemen andererseits betroffen sind. Dabei soll zunächst eine Reihe von wichtigen Einzelaspekten schlaglichtartig beleuchtet werden. Anschließend wird ein spezielles aktuelles Thema etwas intensiver erörtert. Eine vollständige Abhandlung aller Probleme ist nicht intendiert.

Vergleichende Studien

In einem Artikel von Kiene ist die Aussage zu lesen, dass „das Konstatieren einer therapeutischen Kausalität am Einzelfall oder am Patientenkollektiv erfolgen (kann), und zwar mit oder ohne Vergleichsgruppe." [1] In dieser allgemeinen Form des Aufzeigens von Möglichkeiten ist die Aussage trivial. Sie stützt jedoch sicher nicht die immer noch auffallend weit verbreitete Ansicht, dass durch Beobachtung eines Patienten oder durch Registrierung der Besserung einer Gruppe von Patienten unter einer Therapie, also ohne einen adäquaten, zeitlich parallelen Vergleich, *regelhaft* Aussagen über die Wirksamkeit dieser Therapie gewonnen werden können. Auffällig ist, dass Ausnahmesituationen, in denen wegen quasi deterministischer Effekte (Narkose) oder wegen der seltenen Situation sicher vorhersagbarer Krankheitsverläufe aufgrund nicht-vergleichender Studien Aussagen getroffen werden können, in der Diskussion herausgestellt werden, jedoch in der Praxis gar nicht die relevanten Probleme ausmachen. Es sind vielmehr die alltäglichen Behandlungssituationen, für die Wirksamkeitsaussagen aufgrund nicht-vergleichender Studien reklamiert werden. Ein solcher

Anspruch ist für die weit überwiegende Mehrzahl von Behandlungsmethoden und -situationen nicht ausreichend begründbar. In allen mir bekannten Einlassungen sind die inhaltlichen Argumente denn auch wenig überzeugend.

Nach dem einschlägigen Urteil des Bundesverwaltungsgerichts vom 14.10.1993 (Az.: 3 C 21/91), in dem der Nachweis der Wirksamkeit als ursächliche Beziehung bezeichnet und von einem Vergleich der Anwendung gegenüber der Nichtanwendung bei Gruppen von Patienten abhängig gemacht wird, sollte eigentlich auch unter Juristen dieser Punkt nicht mehr zur Diskussion stehen. Dass unter den vergleichenden Studien die zeitlich parallel vergleichenden ungleich aussagekräftiger sind als alle anderen Möglichkeiten, ist international unbestritten. Da in aller Regel auch praktisch umsetzbar, kann ein solcher zeitlich paralleler Vergleich wohl mit Recht als gültiger Standard bezeichnet werden. Standard heißt hier, dass eine andere Vorgehensweise möglich ist, aber bezüglich der Abweichung vom Standard und bezüglich der veränderten Aussagekraft schlüssig begründet werden muß.

Randomisierung

Im Rahmen des genannten zeitlich parallelen Vergleichs kann wiederum die zufällige Zuteilung von Patienten zu den zu vergleichenden Behandlungen – die Randomisierung – als Standard bezeichnet werden. Es ist kein anderes Verfahren bekannt, das ähnlich zuverlässig die Vergleichbarkeit verschiedener Kollektive gewährleistet und damit die Aussagekraft von Studienergebnissen stützt, und es gibt bei überzeugender Rechtfertigung einer prospektiven, vergleichenden Studie im Regelfall kaum ein überzeugendes Argument gegen die Zufallszuteilung (zu Ausnahmesituationen vergl. [2]).

Nicht-randomisierte Studien zu Therapievergleichen weisen zudem heute noch in ihrer großen Mehrzahl methodische Mängel auf, die weit über das Fehlen einer Randomisierung hinausgehen. Die Methodik nicht-randomisierter, vergleichender Studien, deren Durchführung in einigen Fällen möglich und sogar notwendig werden kann, ist unterentwickelt [3]. Versuche, zu Empfehlungen zu kommen, sind gescheitert oder in unverbindlichen Aussagen stecken geblieben. Hindernis ist die Unerfüllbarkeit des Vergleichbarkeitsanspruchs in nicht-randomisierten Studien, gleichzeitig aber die bestechende Einfachheit und Eleganz, mit der eben dieser Anspruch durch Randomisierung erfüllt werden kann.

Vielleicht ist die Gelegenheit günstig, darauf hinzuweisen, dass die Gleichsetzung einer randomisierten Studie mit einer "Doppelblindstudie" ein ärgerliches und teilweise folgenschweres Mißverständnis ist. Die randomisierte, kontrollierte Studie ist eine Methode, deren Umsetzung von den Möglichkeiten einer Verblindung völlig unabhängig ist. Die Verblindung mit dem Bemühen um eine doppelblinde Studienführung ist eine ergänzende Maßnahme zur Sicherung der internen Validität einer Studie. Eine doppelblinde Studie wird regelhaft randomisiert sein. Umgekehrt gilt dies jedoch keineswegs. Man stelle sich nur den Vergleich zwischen einer operativen und einer medikamentösen Therapie vor. Es ist unmittelbar einsichtig, dass dieser nicht doppelblind vorgenommen werden kann, aber natürlich sehr wohl randomisiert. Von der Nichtdurchführbarkeit einer Verblindung auf die Nichtdurchführbarkeit einer randomisierten oder gar einer kontrollierten Studie zu schließen, ist demnach schlicht falsch. Das Wort "Doppelblindstudie" sollte besser vermieden oder jedenfalls zuverlässig nur für solche Studien benutzt werden, die es auch beschreibt.

Placebo-Kontrolle

Eine Diskussion, die immer wieder aufflammt, ist die, inwieweit jetzt oder in Zukunft noch klinische Studien mit einer Placebo-Kontrolle durchgeführt werden können. Auffällig ist dabei, dass diese Diskussion sehr oft von Nichtmedizinern stimuliert wird und es liegt nahe, hier eher eine psychologische Dimension zu vermuten. Aussagen, dass in weiten Bereichen der Medizin heutzutage oder sehr bald Standardtherapien existierten und Patienten daher mit diesen behandelt werden müssten, illustrieren nämlich sehr eindrücklich die Vorstellungen, die sich medizinische Laien von dem machen, was in der Medizin sicher bekannt und zuverlässig machbar ist. Da es auch für einen späteren Aspekt dieser Ausführungen von großer Bedeutung sein wird, soll kurz darauf eingegangen werden, wann eine Placebo-Kontrolle nicht (mehr) möglich ist. Eine solche Situation ist dann gegeben, wenn für eine definierte Patientengruppe in einer definierten Indikation eine allgemein akzeptierte Standardtherapie zur Verfügung steht, deren Wirksamkeit in adäquaten Studien überzeugend belegt worden ist und deren Nichtanwendung bei diesen Patienten quasi einem Kunstfehler gleichkommen würde. Situationen, in denen diese Bedingungen zutreffen, sind in der Medizin bei weitem nicht so häufig, wie es medizinischen Laien erscheinen mag.

Der letzte Aspekt der genannten Bedingungen hat insofern eine erhebliche Bedeutung, als die Existenz einer wirksamen Therapie allein nicht reicht. Es sind Situationen vorstellbar, in denen entweder Patienten eine solche Therapie nicht akzeptieren – sie würden dann keine Behandlung erhalten und könnten stattdessen auch ein Placebo bekommen – oder aber größere Ärztegruppen eine Therapie nicht akzeptieren und nicht einsetzen. In diesem Zusammenhang wurde auf einem Kongreß 1986 über eine plazebo-kontrollierte „demonstration trial" nachgedacht, die in England vor dem Hintergrund durchgeführt werden sollte, dass englische Ärzte die zur Thromboseprophylaxe klar als wirksam nachgewiesene Heparinisierung nicht anwendeten. In dieser Studie hätte jedenfalls die Hälfte der Patienten

Heparin bekommen, und mit dem Ergebnis hätte eine gute Chance bestanden, die englischen Mediziner zu überzeugen.

Führt man sich die zahlreichen, mit großen Hoffnungen und manchmal zuverlässigen Vorinformationen begonnenen Studien der letzten Jahre vor Augen, die keinen Unterschied zwischen der geprüften Intervention und Placebo (z.B. Vitamin A und E Substitution [4]) oder sogar in dem berühmten Fall der CAST-Studie [5] deutliche Vorteile der Placebo-Gruppe ergeben haben, so erscheint das pauschal gebrauchte Argument, dass Patienten eine verfügbare Therapie nicht vorenthalten werden dürfe, weder überzeugend noch hilfreich. Placebo-Kontrollen werden auch weiterhin wesentlicher Teil des Repertoires klinischer Forschungsprojekte sein.

Strategien zum Studienabbruch

Die Vertretbarkeit solcher Studien wird dadurch unterstützt, dass sichergestellt werden kann, bei zuverlässig erkennbaren Vor- oder Nachteilen für die Patienten die Studie vorzeitig zu beenden. Hier gibt es teilweise seit vielen Jahren etablierte statistische Verfahren, sie werden jedoch nur in recht geringem Umfang eingesetzt. Dies hat einerseits etwas mit der häufig fehlenden Bedeutung von Zwischenauswertungen zu tun – nur sehr selten sind Effekte von Therapien so ausgeprägt, wie es für einen Abbruch notwendig wäre. Die fehlende Umsetzung begründet sich andererseits aus dem vergleichsweise hohen Aufwand, sie liegt aber drittens auch an der sehr anspruchsvollen Anforderung, möglichst zuverlässige Informationen möglichst frühzeitig verfügbar zu machen, was, auch aus statistischen Gründen, einem schwierigen Balanceakt gleichkommt. Jeden Patienten vor Einschluß in eine Studie über den aktuellen Stand der Studie zu informieren, markiert ein nicht praktikables Extrem dieser Balance. Eine weitere Diskussion und Bearbeitung dieses Themas, nicht nur unter Methodikern, ist sicher notwendig.

Ethikkommissionen und Biometrie

Es ist heute unter klinischen Forschern weitgehend selbstverständlich, dass vor Beginn von Forschungsprojekten an Patienten eine Ethikkommission gehört und deren Votum berücksichtigt wird. Weniger selbstverständlich ist, dass Anforderungen der biometrischen Methodik in der Arbeit und in den Voten von Ethikkommissionen ausreichende Berücksichtigung finden. Dieses zeigt sich u.a. daran, dass noch nicht in allen Ethikkommissionen biometrische Fachleute und damit biometrisches Fachwissen vertreten sind. Die Argumentation, dass die in der Ethikkommission vertretenen Personen selbst über ausreichende Kenntnisse verfügten, scheint mir auf eine gewisse Geringschätzung biometrischer Fachkompetenz hinzuweisen. Die Aussage, sich bei Problemen an biometrisch ausgebildete Fachleute wenden zu wollen, wirft unmittelbar die Frage auf, welche Kompetenz für das Erkennen eben dieser Probleme notwendig ist.

Aus meiner praktischen Arbeit an verschiedenen Orten sind mir mehrere Beispiele erinnerlich, in denen ich nach Durchsicht des Protokolls eines medizinischen Forschungsprojekts auf offensichtliche methodische Defizite hinweisen mußte und ihre Beseitigung unterstützt habe, obwohl dieses Protokoll bereits das positive Votum einer Ethikkommission erhalten hatte.

Es sei hier nur auf einen Aspekt gesondert hingewiesen: ein klinisches Forschungsprojekt unter Einbeziehung von Patienten ist grundsätzlich und überhaupt nur dann vertretbar, wenn von ihm die Beantwortung einer konkret gestellten Frage erwartet werden kann. Ein wichtiger Aspekt dieser Erfolgsaussichten ist die Wahl einer ausreichend hohen, gleichzeitig jedoch auf das Notwendige beschränkten, also nachvollziehbar zu begründenden Fallzahl. Ich halte es heute für unabdingbar, dass jedem Forschungsprojekt am Menschen eine adäquate, nachvollziehbare Fallzahlplanung zugrunde- und beiliegt, und ich halte es für unvertretbar, dass Ethikkommissionen Projekten mit fehlender Fallzahlschätzung und -begründung ein positives Votum ausstellen. Pikanterweise entspricht eine solche Forderung nur dem, was für Tierversuchsanträge Standard ist.

Nichtanwendung einer Standardtherapie

Es soll im folgenden ein spezielles, aktuelles und durchaus neues Thema behandelt werden, auch, weil der Eindruck besteht, dass in diesem Bereich eine formulierte rechtliche Auffassung der Wirklichkeit hinterher läuft, aktuelle Entwicklungen übersieht oder ihnen mit Unverständnis begegnet, und damit Juristen Gefahr laufen, mit ihren berechtigten Anliegen nicht ernst genommen zu werden.

In der rechtlichen Stellungnahme zur Frage des Wirksamkeitsnachweises eines neuen nicht-medikamentösen Therapieverfahrens [6] stellt der Autor fest, dass die Erprobung dieser Therapie im Vergleich zur allgemein akzeptierten Standardbehandlung – in diesem Fall eine Operation – in einer kontrollierten randomisierten Studie nicht erfolgen könne. Es sei „nicht zulässig", „einem Kranken während einer bestimmten Zeit die Behandlung vorzuenthalten, der er bedarf, wenn ... eine solche Behandlung zur Verfügung steht." Diese letzte Aussage bezieht sich unmittelbar auf Auswaschphasen, schließt also alle Situationen ein, in denen für eine wie auch immer begrenzte Zeit auf eine indizierte Standardtherapie verzichtet wird oder werden müßte.

Mit dieser Argumentation wird ein retrospektiver Vergleich zwischen der neuen Therapie und der Operation gerechtfertigt, wohl nicht recht bedenkend, dass bei den Patienten in diesem Vergleich ja die indizierte Operation auch weggelassen oder verschoben worden sein muß, was die Frage der Zulässigkeit unverändert bestehen liesse, oder aber, dass bei den hier zum Vergleich herangezogenen Patienten eine Operationsindikation gar nicht bestand, was aber die Wirksamkeitsaussage im Vergleich zur Operation äußerst fragwürdig machen würde.

Kehren wir zurück zur Zulässigkeit von zeitlich parallelen, randomisierten klinischen Versuchen, falls eine anerkannte Standardtherapie existiert.

Wie oben bereits ausgeführt, gibt es natürlich für eine Reihe von Indikationen akzeptierte Standardtherapien, so dass der Vergleich einer neuen Therapie gegen Placebo weder ethisch vertretbar noch medizinisch sinnvoll ist. Gleichzeitig wird aber natürlich auch in solchen Indikationen weiter geforscht, die bewährten Therapien weiterentwickelt oder auch neue Therapieformen entdeckt. Diese müssen zu gegebener Zeit in ihrem Nutzen mit dem Nutzen der bisherigen Standardtherapie verglichen werden – ein Vergleich gegen Placebo verbietet sich –, um überhaupt eine Chance zur Verbreitung, Akzeptanz, Markteinführung, Erstattung usw. zu haben. Solche parallel vergleichenden Studien, in denen also eine akzeptierte, indizierte Standardtherapie mit einer neuen Therapie verglichen werden soll, werden inhaltlich angemessen als "Vergleiche gegen eine aktive Kontrolle" bezeichnet.

Solche Vergleichsstudien werden häufig mit dem Ziel durchgeführt, die Gleichwertigkeit eines neuen mit einem bewährten Therapieverfahren zu belegen, um damit die Anwendbarkeit des neuen Verfahrens zu begründen. Diese Studien werden deshalb auch als "Äquivalenzstudien" oder "Studien zur therapeutischen Äquivalenz" bezeichnet. Solche Studien wurden und werden in verschiedenen Bereichen (z.B. Akuttherapie des Herzinfarkts) bereits durchgeführt und haben positive Voten von Ethikkommissionen erhalten. Ihre Ergebnisse sind teilweise publiziert [7,8], und die Vorgehensweise ist Gegenstand mehrerer, teilweise offizieller Empfehlungen.

Das in diesem Kontext zu diskutierende Problem von Studien gegen eine aktive Kontrolle liegt nun offensichtlich darin, dass bei dem Vergleich zweier Patientengruppen, bei dem in der einen Gruppe die Standardtherapie und in der anderen Gruppe die neue Therapie angewendet werden soll, natürlich in der zweiten Gruppe auf die Anwendung der indizierten Standardtherapie verzichtet werden muß. (Sogenannte Add-On-Studien werden hier nicht betrachtet. Mit ihnen wird der zusätzliche Nutzen einer neuen Therapie bei Beibehaltung der Standardtherapie geprüft.) Diese Situation birgt tatsächlich ein ethisches Problem, das von Ethikkommissionen möglicherweise unterschätzt wird. Voraussetzung für die Nichtanwendung der indizierten Standardtherapie wäre eigentlich, dass die neue Therapie mindestens so erfolgversprechend ist wie eben diese Standardtherapie. In diesem Fall könnte man argumentieren, dass Patienten in jedem Fall eine erfolgversprechende Therapie erhalten, also eine Behandlung, „der sie bedürfen“. Um diese Anforderung zu begründen, müßte jedoch auf Studienergebnisse zurückgegriffen werden können, die den Nutzen der neuen Therapie belegen. Da ein Vergleich gegen Placebo ausscheidet, sind solche Studien aber gar nicht durchführbar. Es können daher bei Beginn einer Vergleichsstudie gegen eine Standardtherapie nur relativ unvollständige klinische Informationen zugunsten der neuen Therapie vorliegen und es bedarf ausgiebiger, sorgfältiger Begründungen von Studienplanern und sehr sorgfältiger und biometrisch kenntnisreicher Beurteilung von Ethikkommissionen, um die ethische Vertretbarkeit solcher Studien zu bewerten. Nebenbei: die biometrischen Aspekte von Äquivalenzstudien sind so komplex und anspruchsvoll, dass eine Bewertung solcher Studien ohne fachkundigen Biometriker kaum möglich erscheint.

Vergleiche gegen eine aktive Kontrolle – als Überlegenheits- oder Äquivalenzstudien – verstossen also klar gegen die Forderung, dass Patienten in Studiensituationen, in denen eine indizierte Standardtherapie existiert, diese auch erhalten müssen. Es ist wegen der notwendigerweise unvollständigen Vorinformationen über eine neue Therapie sogar denkbar, dass diese sich als Ergebnis der Studie als ineffizient erweist. Teilnehmende Patienten hätten dann nicht einmal einen adäquaten Ersatz für die nicht angewendete Standardtherapie erhalten. Auch diese Gefahr kann jedoch nur die Forderung nach sehr umfassender und sorgfältiger Begründung solcher Studien nach sich ziehen. Ein apodiktisches Veto gegen solche Studien mit der Konsequenz, methodisch unzureichende Studien zu propagieren und damit die Patienten möglicherweise unzureichend erprobten Therapien und in der Folge noch größerer Gefahr auszusetzen, ist der falsche Weg.

Methodiker haben den Studientyp ausführlich diskutiert und Empfehlungen zum Vorgehen abgegeben [z.B. 9]. Diese betreffen naturgemäß weniger die ethischen oder rechtlichen Aspekte. Letztere müssen jedoch offen diskutiert und geklärt werden, damit alle diejenigen, die solche Studien durchführen oder auch über ihre Vertretbarkeit und Rechtmäßigkeit urteilen, genau verstehen, an welchen Stellen Probleme lauern: Nur so können sie angemessene Ratschläge abgeben.

Probleme in der Planung und Durchführung klinischer Forschungsprojekte am Menschen sind heute weniger in allgemeineren Fragen wie der Zulässigkeit von Studien oder der Notwendigkeit von Ethikkommissions-Voten zu sehen, sondern sie liegen zunehmend im Detail. Ihre Bearbeitung, Lösung und Kommentierung erfordern daher eine hohe spezifische Fachkompetenz. Die Medizinische Biometrie ist interessiert und bereit, ihren Beitrag zur – auch rechtlichen – Diskussion und Klärung auftretender Fragen und Probleme zu leisten.

Literatur

Kiene H
Sind Wirksamkeitsnachweise in Anwendungsbeobachtungen unmöglich?
Pharm.Ind. 59 (1997) 737-741

Abel U, Windeler J
Erkenntnistheoretische Aspekte klinischer Studien. 4. Vergleichbarkeit in Therapiestudien - „Strukturgleichheit“ und die Bedeutung der Randomisation
intern praxis 38 (1998) 613-624
Abel U, Koch A (Hrsg.)
Non-randomized comparative studies
symposion publishing (Düsseldorf) 1998

The Alpha-Tocopherol, Beta-Carotene Cancer Prevention Study Group
The effect of vitamin E and beta carotene on the incidence of lung cancer and other cancers in male smokers
N Engl J Med 330 (1994) 1029

The Cardiac Arrhythmia Suppression Trial (CAST) Investigators
Effect of encainide and flecainide on mortality in a randomized trial of arrhythmia suppression after myocardial infarction
N Engl J Med 321 (1989) 406-412

Deutsch E
Rechtliche Stellungnahme vom 2.4.1998

Tebbe U, Michels R, Adgey AAJ, Boland J, Caspi A, Charbonnier B, Fennell W, Betriu A, Ruda MY, Mlczoch J, Windeler J, Barth H, Groves R, Hopkins G
Randomised, double blind study comparing saruplase with streptokinase therapy in acute myocardial infarction: The COMPASS equivalence trial
JACC 31 (1998) 487-493

International Joint Efficacy Comparison of Thrombolytics
Randomised, double-blind comparison of reteplase double-bolus administration with streptokinase in acute myocardial infarction (INJECT): trial to investigate equivalence
Lancet 346 (1995) 329-336

Windeler J, Trampisch HJ
Empfehlungen zur Durchführung von Studien zur therapeutischen Äquivalenz
Inform. Biom. Epidemiol. 26 (1995) 350-355

Probleme bei Multizenterstudien

Uwe B. Brückner

Das Zusammenspiel der Ziele und Vorstellungen der forschenden Pharmaindustrie einerseits und der Ethikkommissionen andererseits bei multizentrischen Studien ist sehr facettenreich und komplex. Erschwert wird die Situation zusätzlich, weil die Vorgehensweisen aller Ethikkommissionen im Bundesgebiet nicht einheitlich sind, was unter anderem auch mit den unterschiedlichen Gesetzen und Statuten zusammenhängt.

Kaum bestritten wird, daß multizentrische Studien zur Erforschung von neuen medikamentösen Therapieansätzen, aber auch neuartiger Medizinprodukte eine absolute Notwendigkeit sind. Dies gilt nicht nur unter dem legitimen Aspekt der Pharmafirmen, in möglichst kurzer Zeit einen möglichst hohen Erkenntnisgewinn zu erzielen. Insbesondere bei geringen Inzidenzen der zu behandelnden Krankheiten sind diese Art von Studien bedeutsam, da auf andere Weise kaum Resultate zu erzielen sind.

Darüber hinaus ist Ziel jeder Art dieser Forschung, den Nachweis eines definierten therapeutischen Nutzens zu erbringen, das Risiko unerwünschter Nebenwirkungen abzuklären, Therapiestrategien für ihre spezifischen Indikationen zu optimieren (z.B. Dosierungen) und die Einordnung in das bereits verfügbare Behandlungsspektrum zu erlauben.

Gerade Multizenterstudien sind jedoch der kritische Schnittpunkt zwischen der Pharmaindustrie und den einzubeziehenden Ethikkommissionen. Diese Forschung ist gleichzeitig Katalysator, aber auch Filter im Transfer von Therapiestrategien/-ansätzen in die klinische Praxis. Pharmafirmen sehen ihre Rolle eher im Sinne eines (beschleunigenden) Katalysators. Sie wollen möglichst sofort mit den Studien beginnen, wenn der offizielle Prüfplan nach vielfältigen Absprachen endlich erstellt ist. Davor lagen nämlich längere Perioden von tierexperimentellen, toxikologischen und pharmakologischen Grundlagenuntersuchungen. Die Zeit drängt und die Firmen fürchten, sie läuft ihnen davon – man möchte endlich verwertbare Ergebnisse sehen. Ohne Unterstellung einer böswilligen Absicht oder Nichtbeachtung von Regeln und ethischen Grundsätzen, da stört es schon mal, wenn jedes notwendige Prüfzentrum eine Ethikkommission einschaltet, da die Prüfärzte sich berufsrechtlich und berufsethisch beraten lassen müssen. Diese

Kaskade an Einzelentscheidungen möchte man eliminieren, umgehen oder zumindest minimieren.

Dazu kommt, daß Teile der Pharmaindustrie, aber auch Gremien der Europäischen Organisation für die Erforschung und Behandlung von Krebs (EORTC) behaupten, es gäbe in Deutschland erhebliche Verzögerungen bei der Einleitung multizentrischer klinischer Prüfungen. Im Vergleich mit den USA käme es zu einem Verzug von bis zu 6 Monaten, der zudem mit Kosten von mehreren Mio. Euro verbunden sei. Ursache dafür seien eben die erforderlichen Stellungnahmen aller anzurufenden Ethikkommissionen sowie die Genehmigung durch die zuständigen Behörden. Aus diesem Grunde wird gefordert, daß lediglich die Stellungnahme einer einzigen Ethikkommission einzuholen sei. Insbesondere Firmen versuchen, den Gesetzgeber zu überzeugen, daß das positive Votum der für den 'Principal Investigator' zuständigen und primär befaßten Ethikkommission völlig ausreiche.

So ist es leider bereits in der 8. Novelle zum Arzneimittelgesetz (AMG) in § 40 Abs. 1, Nr. 6 explizit[1] festgehalten. Allerdings bedeutet diese Tatsache sowie der entsprechende Abschnitt in § 17 Abs. 6, Satz 2 Medizinproduktegesetz (MPG)[2] lediglich, daß zur Anmeldung beim BfArM dieses einzige Votum ausreicht, also lediglich von arzneimittelrechtlicher Bedeutung ist. Damit werden jedoch nicht die ebenfalls gesetzlich festgelegten Aufgaben und Pflichten anderer Ethikkommissionen außer Kraft gesetzt.

Hauptaufgabe jeder Ethikkommission ist, Patienten und Probanden vor unwirksamer, eventuell schädlicher bis gefährlicher oder nicht angekündigter Forschung zu schützen. Dieses Gremium muß daher prüfen, ob verläßlich und komplett aufgeklärt wird. Zudem muß die Ethikkommission darauf achten, daß die Belastung auf ein vertretbares Minimum beschränkt bleibt und nicht zu Lasten der Patienten bzw. Probanden geht, also die Wahrung der eingesetzten Mittel zum Erkenntnisgewinn. Dies beinhaltet selbstverständlich auch den Nachweis einer

---

1 [Gesetz in der Fassung (i.d.F.) vom 7.9.1998 (BGBl I. Seite 1998)]
Die klinische Prüfung eines Arzneimittels darf bei Menschen nur durchgeführt werden, wenn und solange ...
6. die Unterlagen über die pharmakologisch-toxikologische Prüfung, der dem jeweiligen Stand der wissenschaftlichen Erkenntnisse entsprechende Prüfplan mit Angabe von Prüfern und Prüforten und das Votum der für den Leiter der klinischen Prüfung zuständigen Ethikkommission bei der zuständigen Bundesbehörde vorgelegt worden sind. ...Die klinische Prüfung eines Arzneimittels darf bei Menschen vorbehaltlich des Satzes 3 nur begonnen werden, wenn diese zuvor von einer nach Landesrecht gebildeten unabhängigen Ethikkommission zustimmend bewertet worden ist; ......

2 [Gesetz i.d.F. vom 2.8.1994 (BGBl I. S. 1963)]
(6) ...... Bei multizentrischen Studien genügt ein Votum. ......

Probandenversicherung sowie das uneingeschränkte Rücktrittsrecht der Patienten ohne Begründung. Gleichfalls soll eine Ethikkommission den Forscher schützen, d.h. durch ein positives Votum vor Angriffen von außen sowie andererseits durch Warnung des Prüfarztes vor rechtlich und ethisch bedenklicher Forschung. Somit kommt diesen Gremien eher eine gewisse "Filterfunktion" zu.

Multizenterstudien beinhalten somit fast automatisch einen nahezu als gordisch zu nennenden Knoten an Interessenskonflikten. Die Auflösung ist jedoch relativ einfach, denn in Deutschland ist auch für die Arbeit der Ethikkommissionen das sogenannte Kumulationsprinzip die Regel. Das heißt, Normen gleichen Ranges werden nebeneinander oder miteinander verbunden angewandt. In unserem Fall gelten sowohl die Berufsordnung als auch § 17 Abs. 6 MPG bzw. § 40 Abs. 1 AMG. Auf einem völlig anderen Blatt steht – dazu weiter unten –, ob eine anerkannte Bewertung durch eine andere Stelle ein vereinfachtes Verfahren vor der angerufenen Ethikkommission bewirkt.

Das Kammergesetz (KammerG) von Baden-Württemberg regelt in § 5 die Arbeit der Ethikkommissionen[3] und sieht u.a. unter Ziffer 11 auch ein prinzipielles Anerkenntnis anderer Ethikvoten vor. Trotzdem entfällt keinesfalls die Pflicht jedes einzelnen Arztes bzw. jeder Ärztin, sich von der für sie/ihn zuständigen Ethikkommission beraten zu lassen. Dies wiederum ist im § 30 Abs. 3 des gleichen Gesetzes[4] festgeschrieben.

Darüber hinaus ist in § 15 Abs. 1 und 2 der Berufsordnung (BO) für Ärzte in Baden-Württemberg vom 14.1.1998 die persönliche Beratung jedes Arztes, der

---

[3] [Gesetz vom 16.3.1995 (GBl S. 314)]
(1) Bei der Landesärztekammer und Landeszahnärztekammer wird eine Ethikkommission zur ethischen Beurteilung ärztlicher und zahnärztlicher Tätigkeit und zur Beratung ihrer Kammermitglieder als unselbständige Einrichtung durch Satzung errichtet. Bei den Universitäten des Landes werden Ethikkommissionen errichtet. Die Universitäten erlassen eine Satzung nach § 7 des Universitätsgesetzes.
(2) In der nach Absatz 1 Satz 1 zu erlassenden Satzung ist insbesondere zu regeln:
1. ...
:
10. und
11. die Anerkennung von Voten einer Ethikkommission, die ihren Sitz außerhalb des Geltungsbereichs des Kammergesetzes hat und durch jeweiliges Landesrecht gebildet ist.

[4] (3) Die Mitglieder der Landesärztekammer und der Landeszahnärztekammer müssen sich vor der Durchführung klinischer Versuche am Menschen, vor der Forschung mit vitalen menschlichen Gameten und lebendem embryonalem Gewebe sowie vor der epidemiologischen Forschung mit personenbezogenen Daten durch eine Ethikkommission gemäß § 5, Abs. 1, Satz 1 oder Satz 2 beraten lassen.

am und mit Menschen forschen möchte, festgelegt[5]. Ähnliches gilt selbstverständlich auch für die Berufsordnungen der anderen Bundesländer.

Im Dezember 1997 trafen sich Vertreter aller öffentlich rechtlichen Ethikkommissionen in Baden-Württemberg zu einem erneuten gemeinsamen Gedankenaustausch sowie Abgleich der Verfahrensregeln. Insbesondere zur Forderung der Pharmaindustrie, daß lediglich die Stellungnahme einer einzigen Ethikkommission einzuholen sei, wurde einstimmig ein ablehnender Konsens erzielt und folgendermaßen begründet:

Der Rechtsanspruch der übrigen mitbeteiligten Ärzte, Rat zu erhalten, wird verletzt und führt dazu, daß in den jeweils betroffenen Zentren die Forschungsvorhaben nicht mehr nach einheitlichen Bewertungsmaßstäben durchgeführt werden können.

Deshalb ist bei "grundsätzlicher" Anerkenntnis von Voten auswärtiger Ethikkommissionen eine Prüfung des Einzelfalls unausweichlich. Diese Prüfung umfaßt zwanglos auch die ohnehin gebotene Klärung, ob das jeweilige Projekt mit den Möglichkeiten und Mitteln 'vor Ort' bewältigt werden kann.

Die nachrangig befaßten Ethikkommissionen dürfen nicht zu puren Zustimmungsgremien degradiert werden.

Jede Ethikkommission ist in ihrer Zuständigkeit begrenzt und nur dazu berufen, Mitglieder ihrer Institution zu beraten.

Die Ethikkommissionen sind nicht eingerichtet auf die Erstellung von Voten, die Gültigkeit für das ganze Bundesgebiet beanspruchen.

Dazu wären prinzipielle Rechtsänderungen – AMG, MPG, KammerG, BO – vonnöten, was die Aufgabenstellung der Ethikkommission grundlegend veränderte.

Wesentliche zeitliche Verzögerungen traten bislang nicht auf, d.h., die einschlägigen Verfahren wurden bisher schon durchgängig innerhalb von 3-5 Wochen von der Antragstellung bis zur Bekanntgabe des Votums abgewickelt.

[5] (1) Ärztinnen und Ärzte müssen sich vor der Durchführung biomedizinischer Forschung am Menschen, vor der Forschung mit vitalen menschlichen Gameten und lebendem embryonalen Gewebe sowie vor der epidemiologischen Forschung mit personenbezogenen Daten durch die Ethikkommission bei der Landesärztekammer oder eine bei den Universitäten des Landes errichtete Ethikkommission beraten lassen.
(2) Bei durchzuführenden Beratungen nach Absatz 1 ist die Deklaration des Weltärztebundes von 1964 (Helsinki) in der revidierten Fassung von 1975 (Tokio), 1983 (Venedig), 1989 (Hongkong) und 1996 (Somerset West) zugrunde zu legen.

Das Vorgehen der Ethikkommission in Ulm sowie anderer Ethikkommissionen (auch in Baden-Württemberg) für die Behandlung bereits votierter Studien umfaßt primär eine Beratung durch eine kleine Kommission, bestehend aus dem Vorsitzenden und meist einem Fachmann auf dem jeweiligen Gebiet. Dieses Gremium arbeitet ad hoc, entscheidet sofort und formuliert Voten – vereinfachtes Verfahren – oder leitet die Vorgänge an die Ethikkommission. Diese Maßnahme basiert selbstverständlich auf der Vorlage folgender Dokumente: Antrag, Patienteninformation (evtl. mit spezifischen Besonderheiten), Einwilligungserklärung [alle 3 Dokumente auf deutsch], Prüfplan neuesten Datums inklusive Ergänzungen [deutsch, englisch möglich], Produktmonographie (Investigators Brochure) [deutsch/englisch], Versicherungsnachweis und Votum der erstbefaßten Ethikkommission (für Principal Investigator in Deutschland) sowie die Voten aller bisherigen angerufenen Ethikkommissionen.

Nachteilig für die Arbeit jeder nachgeschalteten Ethikkommission ist, daß zur Zeit keinerlei Begründung für ein positives Votum abgegeben werden muß. Gerade die fehlende Kenntnis für die Grundlage dieses Bescheids erschwert die generelle Übernahme von anerkannten Bewertungen und führt ebenfalls zu einer erneuten Überprüfung aller Voraussetzungen. Die Kontrolle der lokalen Gegebenheiten ist hierbei selbstverständlich impliziert.

Bislang gibt es zwar diverse Überlegungen, wie solche "Begründungen" aussehen könnten, aber – so viel ich weiß – keine konkreten Vorschläge oder Empfehlungen. Eine wichtige Voraussetzung ist einmal die Aufzählung aller Dokumente, auf deren Grundlagen die Bewertung geschah. Insbesondere jedoch bei Voten mit "Nachbesserungen", also z.B. Änderungswünschen oder Ergänzungen von Patienteninformation bzw. Einwilligungserklärung, muß dargelegt werden, worin die Monita bestanden. Nur auf dieser Basis kann jedes später befaßte Gremium überprüfen, ob und wie die Einwände, die meist die Patientenrechte betreffen, umgesetzt wurden. Zur Zeit sieht es im Regelfalle leider eher so aus, daß solche Reklamationen nicht oder nicht immer vollständig berücksichtigt werden.

Mit dem Problem einer notwendigen Begründung positiver Voten werden wir spätestens dann konfrontiert, wenn die Richtlinie des Europäischen Parlaments und Rates zur Angleichung der Rechts- und Verwaltungsvorschriften über die Anwendung der "Guten Klinischen Praxis" bei der Durchführung von klinischen Prüfungen mit Humanarzneimitteln national umgesetzt werden muß. Eines ist sicher, nachrangig betraute Ethikkommissionen können und dürfen nicht zu reinen Bejahungsgremien herabgewürdigt werden.

Jetzt ist bereits der Bogen zu multinationalen Studien in Europa geschlagen. Grundlage einer gemeinsamen Bewertbarkeit in Europa ist eine einheitliche Gesetzgebung. Leider ist bislang noch nicht einmal die eben genannte Richtlinie der EU (Stand September 1997) verabschiedet. In der dort verankerten

Begründung heißt es u.a. "... jeder Mitgliedsstaat legt sein eigenes Verfahren fest, um im Hinblick auf eine multizentrische klinische Prüfung, die in mehreren Mitgliedstaaten durchgeführt wird, zu einer 'federführenden' Stellungnahme zu gelangen. ..., wobei die Ethikkommission der Prüfstelle die Prüfung befürwortet oder ablehnt."

In Kapitel II wird speziell auf die Stellungnahmen von Ethikkommissionen eingegangen. Im dortigen Artikel 4 sind unter Absatz 1 die Aufgaben einer Ethikkommission ausgeführt[6]. Wie bereits erwähnt, ist – wie in Artikel 5, Absatz 1, letzter Satz festgelegt[7] – lediglich ein einheitliches Votum pro beteiligtem Mitgliedsstaat vorgesehen. Meines Erachtens ist jedoch wichtig, daß im gleichen Artikel 5 unter Absatz 2 die speziellen Bedürfnisse und Gesetze der einzelnen Mitgliedstaaten aufgegriffen werden[8]. Die deutsche Gesetzgebung verlangt derzeit nichtsdestoweniger die Beratungspflicht aller beteiligten Zentren. Im Rahmen der nationalen Umsetzung der Richtlinien wird darauf Rücksicht zu nehmen sein und das AMG wohl erneut geändert, d.h. angepaßt werden müssen.

Auch bei solchen europaweiten Studien – die übrigens bislang nicht allzu häufig bei uns in Ulm zur Entscheidung anstanden – wird nach dem gleichen oben beschriebenen vereinfachten Verfahren vorgegangen. Eine kleine Kommission prüft zuvor und entscheidet ad hoc, ob ein Votum direkt ergeht oder ob der gesamte Vorgang zur "üblichen" Prüfung an die gesamte Ethikkommission weitergeleitet werden soll.

Noch komplizierter nehmen sich weltweite Studien aus, obgleich gerade die GCP-ICH-Leitlinie zur Harmonisierung beitragen sollen. Dazu möchte ich auf die ausführlichen Beschreibungen von Deutsch und Lippert[9] hinweisen. Kurz gesagt gilt folgendes: Diese im Prinzip ebenfalls multizentrischen Studien unterliegen zusätzlich den unterschiedlichsten nationalen Rechten und Voraussetzungen. Problematisch wird dies insbesondere bei placebo-kontrollierten Studien, deren Prämissen von Land zu Land differieren (können) sowie dann, wenn es am Ort der klinischen Prüfung (im Ausland) selbst keine Ethikkommission gibt. Die Übernahme des Votums einer ausländischen Ethikkommission ist daher keinesfalls die Regel, sondern muß (bislang und weiterhin) als extreme Ausnahme gelten. Erst wenn im Rahmen eines vereinheitlichten EU-Rechts die Voten von

---

[6] (1) Aufgabe und Verantwortung einer Ethikkommission ist es, die Rechte, die Sicherheit und das Wohlergehen aller Versuchspersonen sicherzustellen.

[7] (1) ... führt dieses Verfahren zu einer einzigen Stellungnahme für den betreffenden Mitgliedstaat.

[8] (2) Die Mitgliedstaaten können zusätzlich eine Stellungnahme der Ethikkommission für jede Prüfstelle zu den Einrichtungen und Möglichkeiten der betreffenden Stelle im Hinblick auf die vorgeschlagene klinische Prüfung vorsehen.

[9] E. Deutsch und H.-D. Lippert: 8. Multinationale Studien. In: *Ethikkommissionen und klinische Prüfung*. Springer, Berlin Heidelberg New York 1998.

aus- und inländischen Ethikkommissionen als gleichwertig gelten, kann das o.g. vereinfachte Verfahren (Vorprüfung durch eine kleine Kommission bzw. den Vorsitzenden mit nachfolgendem Bericht an die Ethikkommission) in Betracht gezogen werden. Falls dies durch das Prüfgremium als nicht ausreichend erachtet wird, muß sich eine komplette Prüfung anschließen.

Diese primäre Auseinandersetzung um die Erstellung lediglich eines einzigen Votums ist allerdings nur ein Teil-, wenn auch das bislang wichtigste Problem bei Multizenterstudien. Es gibt aber weitere Schwierigkeiten, die meines Erachtens sowie auch nach der Meinung anderer Ethikkommissionen ebenfalls bedenklich erscheinen.

Zum einen handelt es sich um den Wechsel des Studiendesigns während der Studie. Zunehmend wird das Bestreben beobachtet, kontrollierte Studien bereits vor der Auswertung in unkontrollierte Studien umzuwandeln oder daß bereits bei der Konzeption der kontrollierten Studie eine unkontrollierte Fortsetzung angekündigt wird, ohne eine Auswertung oder zumindest eine Zwischenauswertung vorzusehen.

Die dafür zu Grunde gelegten Argumentationen lauten, daß zum einen von Seiten der Behörden vermehrt Langzeitdaten zur Sicherheit und Verträglichkeit gefordert seien und daß andererseits Patienten nur mit der Zusage der späteren Gabe des Verumpräparates für kontrollierte – insbesondere placebo-kontrollierte – Studien gewonnen werden könnten.

Dagegen sprechen klare Einwände, welche die o.g. Argumente uneingeschränkt zurückweisen:

Eine **kontrollierte** Studie ist letztlich nur vor dem Hintergrund des nichtsicheren Wissens um die Wirksamkeit des Prüfpräparates vertretbar,
eine **unkontrollierte** Studie strenggenommen nur unter dem Aspekt des sicheren Wissens um Wirksamkeit und Verträglichkeit.

Diese auffällige Tendenz wurde erstmalig von der Ethikkommission der Bayerischen Landesärztekammer angesprochen und zur Diskussion gestellt. Hierbei prallen zwei unversöhnliche Meinungen aufeinander, die immer und eindeutig zum Schutze der Patienten zu lösen sind. Dies bedeutet die strikte Ablehnung solcherart konzipierter Studien.

Weitere Probleme sehen manche Ethikkommissionen in der neuen GCP-ICH-Leitlinie[10]. Auf deren Grundlage werden immer häufiger Ergänzungen

[10] Note for Guidance on Clinical Safety Data Management: Definitions and Standards for Expedited Reporting (– CPMP/ICH/377/95 –) des International Council on Harmonization (ICH).

(Amendments) zu den Prüfprotokollen bereits laufender Studien mit geänderten Definitionen des Begriffs 'Schwerwiegendes unerwünschtes Ereignis' (Serious Adverse Event = SAE) vorgelegt. Dabei sollen künftig 'maligne Erkrankungen', 'Intoxikationen' oder 'Überdosierungen' von der Meldepflicht ausgenommen werden. Diese Änderungen bedeuten sicherlich eine Verschiebung des Nutzen/Risikoverhältnisses zu Ungunsten der Patienten/Probanden. Andererseits werden fortan in den SAE-Katalog 'andere bedeutsame medizinische Ereignisse' neu aufgenommen. Letzteres kann wiederum als zusätzlicher Sicherheitsgewinn für die Betroffenen gesehen werden.

Kurz erwähnen möchte ich noch, daß es in Ulm bereits mehrmals vorkam, daß unsere Kommission bei (auffälligen) Häufungen von ernsten unerwünschten Ereignissen eben nicht über den aktuellen Stand der Einschätzung dieser Situation durch die erstbefaßte oder gar weitere Ethikkommissionen informiert wurde. Dies obgleich einmal die Rücknahme eines gültigen Votums angedroht, ein anderes mal sogar direkt über das BfArM angekündigt wurde.

Zum Schluß sei nochmals betont – und da sind sich sicherlich alle im Prozeß der klinischen Prüfungen Beteiligten völlig einig – das Wohl des Patienten hat immer im Vordergrund zu stehen, egal von welcher Seite man das Problem "Multizenterstudien" sieht.

Präimplantationsdiagnostik[1] und Embryonenforschung

Rudolf Ratzel

Vorbemerkung

Präimplantationsdiagnostik[2] und Embryonenforschung haben rechtlich auf den ersten Blick nichts miteinander zu tun. Eine gemeinsame wissenschaftliche Wurzel ist jedoch unbestritten. Beiden Tätigkeitsfeldern gemein ist aber eine Verwendung von „Zellmaterial" in der Absicht, hieraus einen Erkenntnisgewinn[3] zu erzielen. Dieser "Erkenntnisgewinn" wiederum kommt nicht nur beiden Tätigkeitsfeldern, sondern der gesamten Reproduktionsmedizin zugute[4].

A. Präimplantationsdiagnostik

Der 100. Deutsche Ärztetag 1997 hat in Eisenach eine neue Musterberufsordnung (MBO) verabschiedet. Abgesehen von äußeren Strukturveränderungen, deren Sinnhaftigkeit man nachvollziehen mag oder nicht, hat sich im hier interessierenden Bereich nichts geändert: die die Präimplantationsdiagnosik betreffende Regelung des Abschnitts D, IV Nr. 14 S. 2 MBO n.F. ist wortgleich mit § 1 V 5 S. 2 MBO a.F. Die Auslagerung aus dem durchgezählten

---

1 Siehe hierzu auch die Kommentierung in Ratzel/Lippert, Kommentar zur Musterberufsordnung der Deutschen Ärzte, 2. Aufl. 1998, § 13 und D Nr.14.

2 Zur praktischen Relevanz: Bis 1997 werden 549 Behandlungszyklen bei 369 Patientinnen beschrieben. In 477 Fällen kam es zum Embryotransfer mit 128 Schwangerschaften als Folge. Bei 72 Geburten wurden 96 gesunde Kinder geboren (unter Berücksichtigung von Mehrlingen), zit. nach D. Krebs, Lexikon der Bioethik, 1998, Stichwort: "Embryonenforschung", S. 559.

3 Diesen Zusammenhang findet man bei den unterschiedlichsten gesellschaftspolitischen Strömungen; siehe nur M.Steindor, „Die Menschenrechtskonvention zur Bioethik des Europarats – Embryonenforschung und Forschung an nicht einwilligungsfähigen Personen, in: Schriftenreihe der Juristenvereinigung Lebensrecht Nr.15, 1998, 39,44 ff.

4 Die Frage, warum Verfahren hierzulande verboten sind, mit ihnen im Ausland gemachte Erfahrungen aber in die tägliche Praxis einfliessen, ist nicht nur rhetorisch zu stellen.

Paragraphen-Regelwerk, welches man nun als Abschnitt B der Musterberufsordnung wiederfindet, in einen gesonderten Abschnitt D "Ergänzende Bestimmungen zu einzelnen ärztlichen Berufspflichten" unter der Unterüberschrift IV. "Pflichten in besonderen medizinischen Situationen" ist im Hinblick auf die rechtliche Relevanz unerheblich, da die Vorschriften ohnehin einer Umsetzung durch die regionalen Ärztekammern bedürfen[5].

§ 1 V MBO a.F. bzw. die neue ergänzende Bestimmung Nr. 14 S. 2 MBO lautet wie folgt:

"Verboten sind diagnostische Maßnahmen an Embryonen vor dem Transfer in die weiblichen Organe; es sei denn, es handelt sich um Maßnahmen zum Ausschluß schwerwiegender geschlechtsgebundener Erkrankungen in Sinne des § 3 Embryonenschutzgesetz."

Die Regelung hat bislang nicht in alle Länder- Berufsordnungen Aufnahme gefunden[6], u.a. deshalb, weil ihre Vereinbarkeit mit höherrangigem Recht, insbesondere dem Embryonenschutzgesetz, bezweifelt wurde..

I. Rückblick und Meinungsstand

1. Die rechtspolitische Entwicklung

Ursprünglich drehte sich die Diskussion weniger um die Präimplantationsdiagnostik, sondern um die Forschung an menschlichen Embryonen. Die Ärzteschaft, Max-Planck-Gesellschaft und Deutsche Forschungsgemeinschaft standen der Forschung an frühen menschlichen Embryonen nicht durchweg ablehnend gegenüber[7]. Der wissenschaftliche Beirat der Bundesärztekammer verfaßte 1985 Richtlinien zur Forschung an frühen menschlichen Embryonen[8], die unter bestimmten Voraussetzungen die Zulässigkeit der Forschung an menschlichen Embryonen annahm. Nach dem Abschlußbericht der "Benda-Kommission" und einem sog. Diskussionsentwurf zum Embryonenschutzgesetz sollte zumindest die Forschung an überzähligen Embryonen nicht prinzipiell verboten sein. Nach § 1 Abs. 4 der Musterberufsordnung in der Fassung vom

[5] Inwieweit die Genehmigungsbehörden diese Systematik billigen, bleibt abzuwarten.

[6] So enthält z.B. die Berufsordnung der Ärztekammer Schleswig-Holstein i.d.F. v. 16.3.1994 einen gleichlautenden § 1 Abs. 5, während in der Berufsordnung der bayerischen Ärzte eine vergleichbare Regelung fehlt.

[7] Nachweise bei Ch. Hülsmann/H.-G. Koch, Landesbericht Bundesrepublik Deutschland, in: A. Eser, H.-G. Koch, Th. Wiesenbart (Hrsg.), Regelungen der Fortpflanzungsmedizin und Humangenetik, Bd. 1, 1990, S. 68 ff., 76.

[8] Abgedruckt bei Eser/Koch/Wiesenbart, a.a.O. S. 144 ff.

8.11.1985 war die vorherige Anrufung einer bei der Ärztekammer oder einer medizinischen Fakultät eingerichteten Ethikkommission lediglich als „Soll-Vorschrift“ formuliert. Bei der Überarbeitung der MBO 1988 wurde diese "Soll-Vorschrift" in eine "Muß-Vorschrift" umgewandelt. Nach dem Arbeitsentwurf für ein bayerisches Fortpflanzungsmedizingesetz[9] sollte die Verwendung eines extrakorporal erzeugten menschlichen Embryos für einen anderen Zweck als den seiner Übertragung auf eine Frau nur in sehr eng begrenzten Ausnahmefällen und vorbehaltlich einer Genehmigung des Innenministeriums zulässig sein.

Kritischere Töne werden im Bericht der Enquete-Kommission "Chancen und Risiken der Gentechnologie"[10] angeschlagen. Die Kommission empfahl z. B. die Einführung gentechnischer DNA-Analysen im Rahmen der Pränataldiagnostik von bestimmten Vorgaben abhängig zu machen, die einen Mißbrauch dieser Methoden im Sinne einer "eugenischen Auslese" verhindern sollten. Nach den Empfehlungen zur klinischen Anwendung der IVF und ET beim Menschen der interdisziplinären Arbeitsgemeinschaft "Ethik in der Medizin an der Akademie für ärztliche Fortbildung der DDR" sollten an Eizellen und Embryonen, die zum ET vorgesehen sind, keinerlei Experimente und Fehlbildungsrisiken fördernde Manipulationen durchgeführt werden.

In den 1994 vorgelegten Musterentwürfen für Fortpflanzungsmedizingesetze der Länder[11] wurde dieser Problembereich gänzlich ausgespart. Inzwischen ist die Gesetzgebungskompetenz im Rahmen der konkurrierenden Gesetzgebung auf den Bund übergegangen (Art. 74 Abs. 1 Nr. 26 GG). Ein neuer Gesetzentwurf liegt jedoch noch nicht vor. Im Bericht des Ausschusses für Forschung, Technologie und Technikfolgenabschätzung vom 16.03.1994 wird die Präimplantationsdiagnostik expressis verbis angesprochen. Dort heißt es:

"Nach dem Embryonenschutzgesetz ist die Verwendung eines Embryos zu einem nicht seiner Erhaltung dienenden Zweck strafrechtlich verboten. Damit ist derzeit eine genetische Analyse vor der Implantation der in-vitro befruchteten Eizelle (totipotente Zellen) in die Gebärmutter nicht möglich. Es zeichnet sich aber ab, daß künftig eine Präimplantationsdiagnostik auch noch nach der Differenzierung des Embryos im Embryoblast (dem zukünftigen Foetus) und Trophoblast (dem künftigen embryonalen Nährgewebe) möglich ist. Genetische Diagnosen an nicht totipotenten Zellen des Trophoblasten könnten dann zur Routine vor der Implantation des Embryos in die Gebärmutter werden. Derzeit

[9] Rohentwurf eines bayerischen Gesetzes zur Regelung von Fragen der Fortpflanzungsmedizin von 1986, abgedruckt bei Eser/Koch/Wiesenbart, a.a.O. (Fn.4), S. 102 ff., Art.5, Alternative 2 Abs.2.

[10] BT-Drs. 10/6775.

[11] Hervorgegangen aus einem Diskussionsentwurf der Arbeitsgemeinschaft leitender Medizinalbeamter der Länder und des Bundes (AGMLB), abgedruckt in Der Frauenarzt 1994, 438 ff.

befinden sich solche Verfahren aber noch im Experimentierstadium. Es besteht ein hohes Verletzungsrisiko für den Embryo und eine Beeinträchtigung der Nidationschancen kann nicht ausgeschlossen werden."[12]

Aus dem Zusammenhang geht somit hervor, daß der Ausschuß - abgesehen von den von ihm gesehenen Risiken - bei einer Fortentwicklung der Methode jedenfalls keine Verletzung des Embryonenschutzgesetzes sieht. Nach Art. 18 der Bioethik-Konvention des Europarats[13] soll eine Forschung an Embryonen in-vitro zulässig sein, wenn „ein angemessener Schutz des Embryo" durch die Rechtsordnung gewährleistet wird[14]. Art. 18 ist jedoch mit einem Vorbehalt zugunsten nationalen Rechts versehen, so daß das Forschungsverbot im Embryonenschutzgesetz dieser Regelung vorgeht, auch nachdem sie der Europarat verabschiedet hat[15]. Ohnehin hat Deutschland bislang nicht unterschrieben.

2. Medico-legale Einordnung der Präimplantationsdiagnostik in das System der vorgeburtlichen Diagnostik

Diskussionen mit führenden Reproduktionsmedizinern zeigen, daß es bezüglich der rechtlichen Zulässigkeitsvoraussetzungen der Präimplantationsdiagnostik erhebliche Unsicherheiten gibt. Während die einen die Präimplantationsdiagnostik schlechthin für unzulässig halten, verweisen die anderen auf im angloamerikanischen Bereich entwickelte Verfahren, einem Embryo eine Zelle zu entnehmen, um nach "erfolgreicher" Präimplantationsdiagnostik den inzwischen konservierten "Rest-Embryo" zu implantieren. Vertreter dieser Richtung führen zumeist an, daß die Präimplantationsdiagnostik letztlich spätere Schwangerschaftsabbrüche aus embryopathischer Indikation[16] verhindere und somit auch ethisch gerechtfertigt sei. Vertretern dieser Richtung wird vorgeworfen, dieses Argument sei Ausdruck einer reinen Nützlichkeitsethik, die die Rechtfertigung einer Methode unter Verweis auf andere ebenso umstrittene Methoden begründe ("das kleinere Übel") und dabei das eigentliche ethische Dilemma, nämlich das

[12] BT-Drs. 12/7094, S. 25.

[13] Vom 4. April 1997.

[14] Hierzu J.Taupitz, Die Menschenrechtskonvention zur Biomedizin – akzeptabel, notwendig, oder unannehmbar für die Bundesrepublik Deutschland?, VersR 1998, 542 ff.; Th. Kienle, Das Verbot des Klonens von Menschen, ZRP 1998, 186 ff.

[15] Siehe hierzu U. Voltejus, ZRP 1995, 47 ff.

[16] Die vormals ausdrücklich geregelte sogen. embryopathische Indikation wird jetzt nicht mehr im Gesetz als solche aufgeführt. Diese Fälle sind nunmehr - wie rein von der Systematik her auch schon früher - nach den Grundsätzen der medizinisch-sozialen Indikation gem. § 218a Abs. 2 StGB zu beurteilen. Vgl. dazu A. Eser, in: A. Schönke/H. Schröder (Begr.), Strafgesetzbuch, Kommentar, 25. Aufl. 1997, § 218a StGB Rz. 37 ff.

Problem der Verfügungsbefugnis über menschliches Leben, völlig außer Acht lasse[17].

Ein Vergleich mit der herkömmlichen Pränataldiagnostik dürfte unzulässig sein. Obwohl auch in diesem Bereich eine Hinterfragung mancher Methoden angebracht wäre[18], liegt der wesentliche Unterschied zur Präimplantationsdiagnostik darin, daß der Arzt bei der Pränataldiagnostik auf einen Zustand "in vivo" reagiert (und letztlich die Eltern bzw. die Mutter das letzte Entscheidungsrecht haben), während er bei der Präimplantationsdiagnostik agiert; unausgesprochene Bedingung ist nämlich stets, daß die potentielle Mutter zuvor die Einwilligung zum Transfer von einem positiven Ausgang der Präimplantationsdiagnostik abhängig macht.

II. Präimplantationsdiagnostik und Embryonenschutzgesetz

1. Manche Autoren halten unter Bezugnahme auf das Embryonenschutzgesetz jegliche Präimplantationsdiagnostik für unzulässig[19]. Laufs[20] hält bereits die Produktion eines Embryos in-vitro unter dem "Vorbehalt der Tötung bei Qualitätsmängeln" für unzulässig, wobei er ergänzend auf die Gefahren der Kryokonservierung und der eugenischen Selektion hinweist. Diese dem Lebensschutz verpflichtete Auffassung ist in sich stimmig, gesetzlich zwingend ist sie jedoch nicht. Richtig ist allerdings, daß § 8 Abs. 1 Embryonenschutzgesetz (ESchG) die befruchtete, entwicklungsfähige menschliche Eizelle vom Zeitpunkt der Kernverschmelzung an und jede einem Emryo entnommene totipotente Zelle, die sich bei Vorliegen der dafür erforderlichen weiteren Voraussetzungen zu teilen und zu einem Individuum zu entwickeln vermag, als Embryo im Sinne des Gesetzes definiert. Danach ist es eindeutig unzulässig, eine totipotente Zelle einem Embryo zu entnehmen, an ihr die Präimplantationsdiagnostik durchzuführen und von deren Ausgang das weitere Schicksal des "Rest-Embryos" abhängig zu machen. Durch das Zerstören der noch totipotenten Zelle zu Diagnosezwecken würde § 2 Abs. 1 ESchG verletzt, da die Diagnosemethode nicht dem Erhalt des Embryos dient.

Um in der Systematik des Embryonenschutzgesetzes zu verbleiben, wäre diese Art der Präimplantationsdiagnostik die Klonierung eines Zwillings zur verbrauchenden Diagnostik. Diese noch im Diskussionsentwurf (§ 7) vorgesehene

---

17 Siehe auch H. Jonas, Das Prinzip Verantwortung, 1979, S. 47, 52.

18 Bericht des Ausschusses für Forschung, Technologie und Technikfolgenabschätzung vom 16.3.1994, BT-Drs. 12/7094, S. 33 ff.

19 H.-L. Günther, Strafrechtliche Verbote der Embryonenforschung?, MedR 1990, 161 Ziff. VII; A. Laufs, Fortpflanzungsmedizin und Arztrecht, 1992, S. 79.

20 A. Laufs, Fortpflanzungsmedizin und Arztrecht, 1992, S. 79.

Möglichkeit ist zurecht gestrichen worden, da ansonsten ein unlösbarer Normwiderspruch zu § 2 Abs. 2 Diskussionsentwurf aufgetreten wäre[21].

2. Im Umkehrschluß untersagt das Embryonenschutzgesetz aber nicht die Präimplantationsdiagnostik an bereits nicht mehr im Sinne von § 8 ESchG totipotenten Zellen des Trophoblasten[22], durch deren Verbrauch § 2 Abs. 1 ESchG nicht mehr verletzt wird[23].

Die dagegen zum Teil früher vorgebrachten Bedenken[24] beruhen überwiegend auf der heute widerlegten Vermutung, die Kryokonservierung des Rest-Embryos sei mit hohen Lebensrisiken verbunden; außerdem sei zu befürchten, daß derartige Methoden Screening-Charakter bekämen. Letzteres ist aber nicht Gegenstand des Embryonenschutzgesetzes, sofern nicht die dort enthaltenen Tatbestände verletzt werden. Dies wäre vielmehr Aufgabe des ärztlichen Berufsrechts (dazu unten III) oder eines noch zu verabschiedenden Fortpflanzungsmedizingesetzes. § 2 Abs. 2 ESchG wird durch die Diagnostik an bereits ausdifferenzierten Zellen des Trophoblasten nicht verletzt, wenn nach Lage der Dinge eine Übertragung des Embryos im selben Zyklus noch möglich ist. Tauchen unvorhergesehene Hindernisse auf, ist ohnehin eine weitere Kryokonservierung zulässig, ohne daß alleine deswegen das Embryonenschutzgesetz verletzt wäre[25]. Des Kunstgriffes, die Präimplantationsdiagnostik an ausdifferenzierten Zellen des Trophoblasten als Heilversuch zugunsten des übrigen Embryos anzusehen[26], bedarf es somit nicht.

3. Schließlich wird im Falle geplanter Präimplantationsdiagnostik auch nicht zu einem anderen - und damit illegitimen - Zweck die Eizelle künstlich befruchtet (§ 1 Abs. 1 Nr. 2 ESchG) bzw. die extrakorporale Weiterentwicklung des Embryos bewirkt (§ 2 Abs. 2 ESchG), als zur Herbeiführung einer

---

[21] H.-L. Günther, Pränatale Diagnose und Pränatale Therapie genetischer Defekte aus strafrechtlicher Sicht, in: H.-L. Günther/Rolf Keller (Hrsg.), Fortpflanzungsmedizin und Humangenetik - Strafrechtliche Schranken?, 2. Aufl. 1991, S. 237.

[22] Insoweit wird vorausgesetzt, daß der erforderliche naturwisschenschaftliche Beweis erbracht werden kann. Jenseits des acht-Zell-Stadiums wird ein Verlust der Totipotenz angenommen, hierzu Krebs, Lexikon der Bioethik 1998, Stichwort "Embryonenforschung". Weitere Nachweise bei M.Ludwig, Präimplantationsdiagnostik, Alternative zur pränatalen Diagnostik?, Ärztliche Praxis Gynäkologie 1998, 387 ff.; M.Ludwig, S. Al-Hasani, K.Diedrich, Präimplantationsdiagnostik, in: K. Diedrich (Hrsg.) Weibliche Sterilität,Springer 1998, S. 692 ff.

[23] R. Keller/H.-L. Günther/P. Kaiser, Kommentar zum Embryonenschutzgesetz, 1992, Einführung A VIII Rz. 15, § 2 ESchG Rz. 56, 63. R. Neidert, Brauchen wir ein Fortpflanzungsmedizingesetz?, MedR 1998, 347 (allerdings eine Änderung der Berufsordnung anmahnend).

[24] Vgl. z. B. H.-L. Günther, Strafrechtlicher Schutz des menschlichen Embryos über § 218 ff. StGB hinaus?, in: Günther/Keller, Fortpflanzungsmedizin, a.a.O. (Fn. 15), S. 170.

[25] Keller/Günther/Kaiser, a.a.O. § 2 ESchG Rz. 63.

[26] Keller/Günther/Kaiser, a.a.O. (Fn. 17), § 2 ESchG Rz. 56.

Schwangerschaft der Frau, von der die Eizelle stammt, wenn grundsätzlich die Voraussetzungen für einen Transfer gewährleistet werden. Auch wenn feststeht, daß ein belasteter Embryo nicht übertragen werden soll, ist die Verwerfung dieses Embryos doch nicht Ziel der künstlichen Befruchtung bzw. der Weiterentwicklung des Embryos. Im Gegenteil ist die etwaige spätere Verwerfung des Embryos wegen einer Verwirklichung des drohenden Risikos höchst unerwünscht. Von einer Absicht im Sinne zielgerichteten Wollens[27] kann aber nicht die Rede sein, wenn der eingetretene Erfolg sich lediglich als eine dem Täter höchst unerwünschte Nebenfolge bzw. ein Fehlschlag gegenüber dem eigentlich von ihm erstrebten Ziel darstellt[28].

Bei jeder In-Vitro-Fertilisation wird der Embryo-Transfer von verschiendenen Faktoren, deren Vorliegen erst nach der Zeugung festgestellt werden kann, abhängig gemacht. Dies gilt dafür, daß seitens der Frau keine körperlichen Probleme auftreten, insbesondere die hormonelle Stimulation wie geplant läuft. Auch seitens des Embryos müssen bestimmte Bedingungen erfüllt sein, deren Vorliegen im Zeitpunkt seiner Zeugung nicht sicher ist. Ein Embryo mit z.B. bereits optisch wahrnehmbaren Fehlentwicklungen wird nicht übertragen. Auch an dieser Stelle müßten sich die Gegner der Präimplantationsdiagnostik fragen lassen, warum ein Embryo mit äußerlich erkennbaren Fehlern zweifellos verworfen werden darf, es aber verboten sein soll, nach „inneren" Fehlern zu suchen. Demnach bleibt es dabei:

Die bloße Inkaufnahme des Untergangs gezeugter Embryonen führt nicht zur Strafbarkeit der künstlichen Befruchtung, solange das Motiv des Handelns die Herbeiführung der Schwangerschaft ist.

III. Präimplantationsdiagnostik und Berufsordnung

Nr. 14 S. 2 der ergänzenden Bestimmungen zu den einzelnen Berufspflichten der Musterberufsordnung (vgl. das Zitat zu Beginn dieses Beitrags) greift die Systematik des ESchG auf und verbietet diagnostische Maßnahmen an Embryonen vor dem Transfer in die weiblichen Organe; es sei denn, es handelt sich um Maßnahmen zum Ausschluß schwerwiegender geschlechtsgebundener Erkrankungen im Sinne des § 3 ESchG.

1. Nach den vorhergehenden Ausführungen ist die Regelung nur dann mit dem ESchG zu vereinbaren, wenn unter "Embryonen" nicht Embryonen im Sinne des § 8 Abs. 1 ESchG zu verstehen sind, da diese ausnahmslos dem Verbot der fremdnützigen Verwendung unterliegen. Zur Klarstellung sollten daher hinter "Maßnahmen" die Worte "an Zellen nach Verlust der Totipotenz im Sinne von § 8

---

[27] Keller/Günther/Kaiser, a.a.O. (Fn. 17), § 1 Abs. 1 Nr. 2 ESchG Rz. 15.

[28] Vgl. BGHSt 16, 6.

ESchG" eingefügt werden. Der sprachlich wenig schöne Zusatz "im Sinne von § 8 ESchG" empfiehlt sich im Hinblick auf mögliche unterschiedliche Bedeutungsgehalte des Begriffes "totipotent" im medizinischen Sprachgebrauch.

2. § 3 ESchG regelt die Auswahl von Samenzellen nach dem in ihr enthaltenen Geschlechtschromosom. Die Auswahl ist grundsätzlich unzulässig, ist aber zur Vermeidung schwerwiegender geschlechtsgebundener Erbkrankheiten - beispielhaft wird die Muskeldystrophie vom Typ Duchenne genannt - erlaubt. Die Regelung ist sinnvoll, da die Weitergabe der Krankheit an das Geschlecht gebunden ist und durch entsprechende Auswahl der Samenzelle bereits vor der Zeugung verhindert werden kann.

Nach erfolgter Befruchtung ist jedoch ein innerer Zusammenhang zwischen der Geschlechtsgebundenheit einer Erbkrankheit und der Zulässigkeit der Präimplantationsdiagnostik nicht mehr erkennbar. Es gibt den genannten geschlechtsspezifischen Erbkrankheiten vergleichbare schwerwiegende Erbkrankheiten, die nicht geschlechtsgebunden sind, wie z.B. die Mukoviszidose. Da durch eine Auswahl der Samenzellen diesen Erberkrankungen nicht begegnet werden kann, kann die Präimplantationsdiagnostik nicht durch im Vorfeld der Zeugung ansetzende Maßnahmen ersetzt werden. Die Möglichkeit einer Diagnostik kann in diesen eng begrenzten Fällen für ein Paar mit Kinderwunsch sehr hilfreich und entscheidend für die Planung einer Schwangerschaft sein.

Diesen Überlegungen könnte durch die Streichung des Wortes "geschlechtsgebunden" und der Ergänzung "oder gleichwertige Erkrankungen" Rechnung getragen werden.

3. Schließlich stellt sich die Frage nach den Zulässigkeitsvoraussetzungen im übrigen, deren Regelung sich nach dem Beispiel von IVF/ET in entsprechenden Richtlinien - zumindest im Sinne der Herausbildung von Standards - anbieten würde.

So muß mit Blick insbesondere auf die gesellschaftlichen Folgen, die im Falle einer Zulässigkeit der Präimplantationsdiagnostik befürchtet werden, sichergestellt werden, daß die Präimplantationsdiagnostik nicht zur Screening-Methode bei reproduktionsmedizinischen Verfahren avanciert, sondern nur bedrängten Paaren, bei denen ein erhöhtes Risiko für die genannten schwersten Erkrankungen besteht, zur Verfügung gestellt wird.

Dies setzt zunächst einmal eine eingehende humangenetische Beratung ggf. mit anschließender Untersuchung voraus. Das bedeutet, daß der gynäkologische Reproduktionsmediziner die Indikation zur Präimplantationsdiagnostik nie ohne den Humangenetiker stellen darf.

Mit den Eltern sind die mit der Präimplantationsdiagnostik verbundenen medizinischen und ethischen Probleme eingehend zu erörtern. Verlangt ein Elternpaar die Präimplantationsdiagnostik, obwohl nach ärztlicher Auffassung keine Indikation hierzu besteht, ist das Paar aus dem Programm zu nehmen. Eine Präimplantationsdiagnostik ohne gesicherten humangenetischen Verdacht ist nach der hier vertretenen Auffassung unärztlich.

Präimplantationsdiagnostik darf darüber hinaus nur in solchen Einrichtungen vorgenommen werden, in denen durch ihre personelle und apparative Ausstattung gewährleistet ist, daß die Diagnostik nicht mehr an totipotenten Zellen vorgenommen wird. Ferner muß die Einrichtung im Regelfall gewährleisten können, daß trotz der späten Diagnostik ein Transfer des Embryos im selben Zyklus möglich sein kann, wenn seitens der Mutter keine Probleme auftreten. Ist dies von vorneherein schwierig, muß mit dem Paar die Problematik der Kryokonservierung des Embryos und das damit verbundene Risiko einer Schädigung besprochen werden.

Ergibt die Präimplantationsdiagnostik einen pathologischen Befund, sollten der Vater oder die Mutter, jeder einzeln und beide gemeinsam, den Transfer verweigern können. § 4 ESchG gewährt zwar nur der Frau ein Recht zur Verweigerung der Übertragung, da sie im Falle einer Übertragung in ihrer körperlichen Identität betroffen wird. Der vorliegenden Konstellation wird dies aber nicht gerecht. Unterbleibt ein Transfer wegen des Votums des Mannes, kommt eine Beeinträchtigung der körperlichen Integrität der Frau hierdurch nicht in Betracht.

Wenn feststeht, daß ein Transfer nicht erfolgt, muß der Arzt unverzüglich alle Vorkehrungen treffen, damit die imprägnierte Eizelle abstirbt. Eine Weiterkultivierung ist unzulässig.

Um sicherzustellen, daß das konkrete Vorhaben den genannten Anforderungen entspricht, sollte zuvor das Votum der zuständigen Ethik-Kommission eingeholt werden müssen. Diese Verpflichtung sollte als Satz 3 unmittelbar in Nr. 14 der ergänzenden Bestimmungen MBO ausgesprochen werden.

IV. Verhältnis zu weiteren berufsrechtlichen Vorgaben

1. Gem. § 13 MBO n.F. hat der Arzt bei speziellen, ethisch schwierigen medizinischen Maßnahmen von der Ärztekammer ausgesprochene Empfehlungen zu beachten. Um solche Empfehlungen soll es sich bei den Richtlinien der Bundesärztekammer zur Durchführung des intratubaren Gametentransfers, der In-vitro-Fertilisation mit Embryotransfer und anderer verwandter Methoden jetzt

handeln[29] (sogen. IVF-Richtlinien). Nach Ziff. 4.1 dieser Richtlinien dürfen an den zum Transfer vorgesehenen Embryonen keine Maßnahmen vorgenommen werden, die nicht unmittelbar dem Wohle des Kindes dienen. Nun wird man kaum behaupten können, daß eine Diagnostik, die im Zweifel zur Vernichtung des Embryos führt, dem Wohle des Kindes diene. Auf der anderen Seite ist Ziff. 4.1. der Richtlinien im Gesamtkontext der Berufsordnung und der Vorgaben des Embryonenschutzgesetzes zu sehen, d. h. Ziffer 4.1. ist im Sinne von Nr. 14 S. 2 der ergänzenden Bestimmungen MBO dahingehend auszulegen, daß unter den dort genannten engen Voraussetzungen eine Präimplantationsdiagnostik stattfinden darf. Andernfalls entstünde ein Wertungswiderspruch innerhalb des berufsrechtlichen Regelwerks, der nur im Sinne einer Interpretation in Richtung Einheit der Regelungskreise gelöst werden kann.

2. Eine weiteres Problem liegt darin, daß gem. Nr. 15 Abs. 1 der ergänzenden Bestimmungen MBO (vgl. auch § 9 MBO a.F.) die künstliche Befruchtung einer Eizelle außerhalb des Mutterleibs und die anschließende Einführung des Embryos in die Gebärmutter als Maßnahmen zur Behandlung der Sterilität verstanden werden, deren Anwendung nach Ziff. 3.2 der IVF-Richtlinien nur in den engen Grenzen der dort benannten Fertilitätsstörungen indiziert sein soll. In den hier interessierenden Fällen wird die extrakorporale Befruchtung aber nicht durchgeführt, um sterilitätsbedingte Probleme zu beheben, sondern, um eine - wenn auch zulässige (s. o.) - Diagnosemaßnahme durchzuführen. Man könnte also den Schluß ziehen, daß die Durchführung dieser Maßnahmen in diesem Fall unzulässig ist. Dabei sei dahingestellt, inwieweit derartige Einschränkungen im Bereich der Reproduktionsmedizin überhaupt über das Berufsrecht erfolgen können[30]; es geht zunächst nur um die Auslegung.

Sinn und Zweck der Beschränkung des Einsatzes dieser besonderen Therapiemaßnahmen ist es, einer Beliebigkeitsmedizin nicht Tür und Tor zu öffnen. Dieser Schutzzweck wäre im vorliegenden Fall nicht verletzt. Ähnliche Überlegungen scheinen z. B. dazu geführt zu haben, daß in den Entwürfen für entsprechende Landes-Fortpflanzungsmedizingesetze in § 2 Satz 2 vorgesehen war, daß die in Rede stehenden fortpflanzungsmedizinischen Methoden auch dann Anwendung finden können, wenn es um den Ausschluß einer schwerwiegenden Erkrankung gemäß § 3 Satz 2 ESchG geht[31]. Es scheint zumindest vertretbar, diesen Gedanken in analoger Anwendung heranzuziehen. Dabei ist an dieser Stelle auch eine Berücksichtigung des ohne Anwendung dieser Maßnahmen zu befürchtenden schwerwiegenderen Eingriffs des Schwangerschaftsabbruchs

---

[29] DÄBl. 93 (1996), C-302 ff; die rechtliche Zulässigkeit einer derartigen „Umwidmung“ dürfte umstritten sein.

[30] Vgl. dazu BVerwG, NJW 1992, 1577 (das sich jedoch an die Feststellungen des VGH Mannheim gebunden sah); gegen VG Stuttgart MedR 1990, 359.

[31] Siehe Begründung zu § 2 E-FortpflanzungsmedizinG, a.a.O. (Fn.9).

zulässig. Die grundsätzlich für zulässig erachtete Präimplantationsdiagnostik wird in den Dienst der Vermeidung eines späteren Schwangerschaftsabbruchs gestellt.

V. Zusammenfassung Präimplantationsdiagnostik

Die Präimplantationdiagnostik an Zellen nach Verlust der Totipotenz im Sinne von § 8 Abs. 1 ESchG ist mit dem Embryonenschutzgesetz vereinbar. Die Diagnostik muß jedoch mit dem grundsätzlichen Ziel, den Embryo zu übertragen, erfolgen; d.h. die Möglichkeit hierzu muß gewährleistet sein. Sonst kommt ein Verstoß gegen § 2 II ESchG in Betracht.

Präimplantationsdiagnostik sollte nur bei drohenden schwersten Erkrankungen nach strenger Indikationstellung und umfassender Information der Eltern in hierfür geeigneten Einrichtungen durchgeführt werden. Zuvor ist das Votum der zuständigen Ethik-Kommission einzuholen. Diese Forderungen finden sich auch in dem jüngst veröffentlichten Positionspapier der zuständigen Arbeitsgemeinschaft Deutschen Gesellschaft für Gynäkologie und Geburthilfe.[32]

Im Rahmen der Musterberufsordnung könnte den vorstehenden Überlegungen Rechnung getragen werden, indem Nr. 14 S 2 und 3 der ergänzenden Bestimmungen MBO wie folgt gefaßt würde[33]:

"Verboten sind diagnostische Maßnahmen an Embryonen vor dem Transfer in die weiblichen Organe; es sei denn, es handelt sich um Maßnahmen an Zellen nach Verlust der Totipotenz i.S.v. § 8 ESchG zum Ausschluß schwerwiegender Erkrankungen im Sinne des § 3 Embryonenschutzgesetz oder gleichwertiger Erkrankungen. Vor Durchführung der Maßnahme ist das Votum der zuständigen Ethik-Kommission einzuholen."

B. Embryonenforschung

I. Embryonenforschung und Bioethik-Konvention

Während die Embryonenforschung in Deutschland ausnahmlos verboten ist, ist sie im Ausland in vielen Staaten erlaubt . Art. 18 der Bioethik-Konvention knüpft

[32] Arbeitsgemeinschaft gynäkologische Endokrinologie und Fortpflanzungsmedizin (AGGEF) der DGGG, Positionspapier: Möglichkeiten und Grenzen der Fortpflanzungsmedizin in Deutschland, Der Frauenarzt 1996, 902 ff.

[33] R.Ratzel, N.Heinemann, Zulässigkeit der Präimplantationsdiagnostik nach Abschnitt D, IV Nr. 14 S. 2 (Muster-)Berufsordnung - Änderungsbedarf?, MedR 1997, 540.

hieran an. Zwar verbietet Art. 18 Abs.2 die Erzeugung menschlicher Embryonen zu Forschungszwecken. Eine Forschung an Embryonen in vitro, die nicht zu Forschungszwecken erzeugt worden sind, wird jedoch prinzipiell nicht verboten, wenn die (nationale) Rechtsordnung "einen angemessenen Schutz des Embryos gewährleistet". Dies kann im Prinzip nur so ausgelegt werden, daß eine verbrauchende Forschung unzulässig ist[34].Die Kritik an der Bioethik-Konvention ist im übrigen nicht immer verständlich[35]. Der (berechtigten) Kritik fehlender Aussagen zum Klonverbot ist durch das Zusatzprotokoll vom 12. 1. 1998 Rechnung getragen worden. Die dortige Formulierung ist möglicherweise noch zeitgemäßer als die Regelung in § 6 ESchG, was man schon daran sieht, daß angesichts der neuen Möglichkeiten des Kerntransfers von in Deutschland von Nachbesserungsbedarf bezüglich des EschG gesprochen wird[36]. Schließlich hat jeder beitretende Staat das Recht, in seinem Rechtskreis restriktivere Regelungen zu beschliessen.

II. Beteiligung deutscher Ärzte an ausländischen Forschungsvorhaben

Die Versuchung für den einen oder anderen Arzt, sich den restriktiven Regelungen in Deutschland durch eine Beteiligung an ausländischen Forschungsvorhaben zu umgehen, mag gelegentlich groß sein. Dies zumal es für deutsche Spezialisten auf diesem Gebiet bei internationalen Kongressen belgische oder britische Studien gibt, die von der fachlichen Kompetenz ohne weiteres auch in Deutschland durchgeführt werden können.

1. Das ESchG findet zunächst nur Anwendung auf im Inland begangene Taten (§ 3 StGB).

a) Im Inland begangen ist die Tat, wenn entweder der Ort, an dem der Täter gehandelt hat, oder der Ort, an dem der zum Tatbestand gehörende Erfolg eingetreten ist, im Inland liegt (§ 9 Abs. 1 StGB). Findet die Forschungstätigkeit z. B. in Brüssel statt, wäre eine täterschaftliche Beteiligung deutscher Forscher im Sinne einer Steuerung und (Mit)Verantwortungsübernahme für das Projekt dennoch als Inlandstat strafbar, wenn sie von Deutschland aus erfolgt.

b) Die Teilnahme, also Anstiftung oder Beihilfe, ist sowohl an dem Ort begangen, an dem die Tat begangen ist, als auch an jedem Ort, an dem der Teilnehmer gehandelt hat. Hat der Teilnehmer an einer Auslandstat im Inland gehandelt, so gilt für die Teilnahme das deutsche Strafrecht, auch wenn die Tat nach Recht des Tatorts nicht mit Strafe bedroht ist (§ 9 Abs. 2 StGB). Das bedeutet, daß

[34] So auch Keller, Festschrift Lenckner, a.a.O., S. 491.
[35] Verteidigung durch J.Taupitz, VersR 1998, 542 zu Recht.
[36] DÄBl. 1998,(C) 1892 (Heft 43); Keller, Festschrift Lenckner S. 486 ff.

auch die bloße Unterstützung des Forschungsvorhabens von Deutschland aus strafbar ist. Voraussetzung für eine Strafbarkeit ist allerdings, daß das Vorhaben über das bloße Vorbereitungsstadium hinauskommt. Auch erst nach Beendigung der Tat einsetzende Aktivitäten, wie z. B. die Auswertung der Forschungsergebnisse, sind nicht strafbar. Vorherige Absprachen in diese Richtung erfüllen aber wieder den Tatbestand der Beihilfe; insofern ist Vorsicht geboten. Täterschaftliches Handeln setzt im übrigen nicht das eigenhändige „Hand anlegen" im Labor voraus. Je nach Organisation des Forschungsprojektes kommt die Täterschaft entsprechend den von der Rechtsprechung aufgestellten Kriterien z. B. auch schon dann in Betracht, wenn der deutsche Forscher maßgeblich und steuernd am Forschungsdesign beteiligt ist und er das Projekt einschließlich der im Inland verbotenen Maßnahme als „eigenes" Vorhaben begreift.

2. Deutsches Strafrecht findet in bestimmten Fällen auch dann Anwendung, wenn die Tat im Ausland geschehen ist.

a) Dies gilt zum einen für Auslandstaten, die sich gegen inländische Rechtsgüter richten. Dabei ist es unerheblich, ob es sich um Täterschaft oder Teilnahme handelt[37]. Gemäß § 5 Nr. 12 StGB fallen hierunter auch Taten, die ein deutscher Amtsträger oder für den öffentlichen Dienst besonders Verpflichteter während eines dienstlichen Aufenthaltes oder in Beziehung auf seinen Dienst begeht. Gemeint sind Taten jeglicher Art, nicht nur Amtsdelikte[38]. Beamtete Hochschullehrer sind Amtsträger im Sinne von § 11 Nr. 2 StGB; Chefärzte kommunaler Krankenhäuser oder von Kreiskrankenhäusern gelten als für den öffentlichen Dienst besonders Verpflichtete im Sinne von § 11 Abs. 1 Nr. 2 c StGB, auch wenn sie selbst nicht beamtet sind[39]. Dies ergibt sich daraus, daß zugelassene Krankenhäuser als Bestandteil der Daseinsvorsorge zur hoheitlichen Leistungsverwaltung im Rahmen der Krankenhausbedarfsplanung zählen[40] Erfaßt wird von der ersten Alternative „während eines dienstlichen Aufenthaltes" jedwede Tat, auch ohne innere Beziehung zum Dienst. Dementsprechend wäre eine Beteiligung an dem Forschungsprojekt in Belgien im Rahmen einer Dienstreise ebenfalls strafbar. Von der zweiten Alternative wird die Tat während des privaten Aufenthaltes erfaßt, wenn sie in Beziehung zum Dienst begangen wird (z. B. Vorteilsannahmen, Bestechlichkeit). Ein Bezug zur dienstlichen forschenden Tätigkeit des Amtsträgers würde im Regelfall vorliegen, so daß die Beteiligung an dem Projekt auch im Rahmen eines privaten Aufenthaltes in Belgien für den Hochschullehrer oder Amtsträger strafbar wäre.

[37] Dreher/Trödle, StGB, Kommentar, 48. Aufl., 1997, § 5 Rz. 1 a
[38] Dreher/Trödle, a. a. O., § 5 Rz. 12
[39] Dreher/Tröndle, § 11 Rz. 22 unter Bezugnahme auf OLG Karlsruhe, NJW 1983, 352
[40] H.Tröndle, in: LK, 10. Auflage, § 11 Rdnr. 25.

b) Schließlich kommt eine Strafbarkeit in Betracht, wenn die Tat auch am Tatort mit Strafe bedroht ist und der Täter zur Zeit der Tat Deutscher war (§ 7 Abs. 2 Nr. 1 StGB). Unterstellt, ein Vorhaben ist in Belgien erlaubt, so ist die in Belgien erfolgende Beteiligung an dem Forschungsvorhaben unter diesem Gesichtspunkt nicht strafbar. Deutsche ohne Amtsträgereigenschaft bzw. besondere öffentliche Verpflichtung können sich also in Belgien straffrei an dem Projekt beteiligen.

III. Grenzfälle

Auch wenn die Embryonenforschung in Deutschland verboten ist gibt es Forschungsvorhaben, die auf dem schmalen Grad zwischen der Forschung an Keimzellen und der Embryonenforschung angesiedelt sind. So könnte man z. B. der Frage nachgehen, warum es nach ICSI gelegentlich zum Auftreten überzähliger Vorkerne in Eizellen kommt. Ein Forschungsvorhaben könnte darin bestehen, polyploide Eizellen 24 Stunden nach ICSI vor dem Verschmelzen der Vorkerne und somit vor Abschluß des Befruchtungsvorgangs zu fixieren und damit abzutöten, um sie anschließend mit molekulargenetischen Methoden zu untersuchen.

1. Dieses Forschungsvorhaben ist auf die Untersuchung eines Stadiums der Befruchtung gerichtet, in dem es zwar schon zur Verbindung von Spermium und Eizelle gekommen ist, in dem aber die Konjugation der beiden haploiden Chromosomensätze von Ei- bzw. Spermienzelle noch nicht stattgefunden hat. Es ist also schon eine neue Zelle entstanden, aber die spezifische genetische Information für eine neues menschliches Individuum ist noch nicht gebildet worden.

Die Überlegungen zur Zulässigkeit eines derartigen Vorhabens bewegen sich im Spannungsfeld zwischen grundgesetzlich garantierter Forschungsfreiheit und den Schutzanforderungen andererseits, deren Gewährleistung die jeglichem menschlichen Leben zukommende Menschenwürde dem Staat gebietet. Das Bundesverfassungsgericht[41] hat in seinen beiden grundlegenden Schwangerschaftsabbruchentscheidungen letztlich wohl auch mit Wirkung für extrakorporales vorgeburtliches menschliches Leben festgestellt:

„Wo menschliches Leben existiert, da kommt ihm Menschenwürde zu."

Diesem Anspruch versucht das ESchG nicht nur durch den Schutz des bereits existierenden Embryos Rechnung zu tragen. Die Regelungen setzen vielmehr zum Teil schon vor der Zeugung des Embryos an. Dies geschieht im Hinblick auf zwei Schutzrichtungen: Zum einen soll die Entstehung von Embryonen verhindert

[41] BVerfGE 39, 1 (41); 88, 203 (252)

werden, die im Falle ihrer Existenz aller Wahrscheinlichkeit nach bestimmten, schon bei ihrer Zeugung absehbaren Gefährdungslagen ausgesetzt sein würden. Diese Richtung zielt z. B. mit Blick auf das Mißbildungsrisiko bei hochgradigen Mehrlingsgraviditäten geschaffene Verbot eines Transfers von mehr als drei Embryonen innerhalb eines Zyklus. Zum anderen soll genetischen Manipulationen im Rahmen des Zeugungsprozesses vorgebeugt werden, weil die damit verbundenen Risiken unkalkulierbar sind und letztlich auch das Menschenbild unserer aktuellen Rechtsordnung dem entgegensteht. In diese Richtung zielen z. B. die Verbote des Klonens oder der Hybridbildung.

Dem gegenüber steht die grundrechtlich garantierte Freiheit der Forschung. Freiheit bedeutet indessen nicht Schrankenlosigkeit. Forschungsfreiheit unterliegt den verfassungssystematischen Schranken anderer Grundrechte und Verfassungswerte (kollidierendes Verfassungsrecht). Sie findet ihre Grenze in den diese manifestierenden „typischen Normen des Kriminalstrafrechts“[42] bzw. dort, wo durch ein Experiment ein Zivil- oder Straftatbestand verwirklicht wird, der dem Schutz eines gleichermaßen grundrechtlichen garantierten Gutes dient[43].

2. Das geplante Forschungsvorhaben würde nicht gegen § 2 ESchG verstoßen, da es auf ein Abstoppen des Befruchtungsvorganges vor der Kernverschmelzung gerichtet ist. Forschungsobjekt ist damit nicht ein Embryo im Sinne des ESchG. Das Verbot der mißbräuchlichen Verwendung menschlicher Embryonen, welches sich auch bzw. gerade auf die sogenannte verbrauchende Forschung erstreckt, wird dementsprechend nicht tangiert.

Ein Verstoß gegen § 1 Abs. 1 Nr. 2, 5 ESchG kommt ebenfalls nicht in Betracht. Danach ist strafbar, wer es unternimmt, eine Eizelle zu einem anderen Zweck künstlich zu befruchten, als eine Schwangerschaft der Frau herbeizuführen, von der die Eizelle stammt, bzw. wer es unternimmt, mehr Eizellen einer Frau zu befruchten, als ihr innerhalb eines Zyklus übertragen werden sollen.

Gemäß § 11 Abs. 1 Nr. 6 StGB bedeutet „Unternehmen einer Tat“ deren Versuch und Vollendung. Eine Straftat „versucht“ wiederum, wer nach seiner Vorstellung von der Tat zur Verwirklichung des Tatbestandes unmittelbar ansetzt (§ 22 StGB). Dies bedeutet, daß der Versuchsvorsatz sämtliche Merkmale des Vorsatzes des vollendeten Deliktes umfassen muß. Im vorliegenden Fall soll aber der Befruchtungsvorgang von vornherein vor seinem Abschluß gestoppt werden. Das durch die Vorschrift inkrimierte Ziel, die Befruchtung der Eizelle, wird also zumindest nicht vom direkten Vorsatz umfaßt. Die Situation ist insofern vergleichbar mit der nach herrschender Meinung zulässigen Kryokonservierung von Vorkernstadien, um später eine Schwangerschaft der Frau, von der die Eizellen stammen, herbeizuführen. Wenn mit an Sicherheit grenzender

[42] Maunz/Dürig/Scholz, GG, Kommentar, 1996, Art. 5 Abs. 3 Rz. 188
[43] Eser, Lexikon Medizin, Ethik, Recht, 1989, Spalte 342

Wahrscheinlichkeit garantiert werden kann, daß der Befruchtungsvorgang rechtzeitig abgebrochen wird, scheidet auch die Annahme von bedingtem Vorsatz aus, eine Strafbarkeit nach den genannten Vorschriften kommt nicht in Betracht.

3. Einschlägig ist demgegenüber das Verbot gemäß § 1 Abs. 2 Nr. 1 ESchG, eine menschliche Samenzelle in eine menschliche Eizelle künstlich zu verbringen, ohne eine Schwangerschaft der Frau herbeizuführen zu wollen, von der die Eizelle stammt. Diese Vorschrift ist exakt auf die Mikroinjektion zugeschnitten[44]. Inkriminiert wird aber letztlich jede künstliche Imprägnation der Eizelle, die nicht auf die Herbeiführung einer Schwangerschaft der Frau, von der die Eizelle stammt, gerichtet ist. Erfaßt werden sollen Handlungen, die nicht auf eine Kernverschmelzung, „sondern lediglich auf die Erzeugung der entsprechenden Vorkerne gerichtet" sind[45]. Die Tat ist vollendet, wenn sich die Samenzelle im Plasma der Eizelle befindet; ansonsten kommt eine Versuchsstrafbarkeit gemäß § 1 Abs. 4 ESchG in Betracht.

4. Von der ratio legis wird dieses Ergebnis allerdings nicht ohne weiteres getragen. Denn bei dem geplanten Vorhaben wird weder ein existenter Embryo beeinträchtigt, noch besteht überhaupt die Gefahr, daß im Rahmen des Vorhabens in Zukunft ein Embryo entstehen wird. Zwar führt die amtliche Begründung im Rahmen der allgemeinen Zielsetzung des Gesetzes zum Verbot des § 1 Abs. 2 ESchG aus, es solle Tendenzen begegnet werden, menschliche Eizellen vor Abschluß des Befruchtungsvorgangs, aber nach Ausbildung der männlichen und weiblichen Vorkerne zu Forschungszwecken zu verwenden oder – gleichsam auf Vorrat – einzufrieren.

Allerdings darf nicht vergessen werden, daß das Embryonenschutzgesetz eindeutig zwischen Vorkernstadium und Embryo unterscheidet. Dies zeigt sich schon an dem Maß der Zulässigkeit der Kryokonservierung von Vorkernstadien, wenn sie auf die Herbeiführung einer Schwangerschaft gerichtet ist. Der Untergang überzähliger Vorkernstadien für den Fall, daß ein vorhergehender Embryotransfer zur Geburt eines Kindes geführt hat, wird von vornherein billigend in Kauf genommen, während die Zeugung überzähliger Embryonen auf das unvermeidbare Minimum reduziert wird. Dies entspricht der Intention des Gesetzgebers, die Belastungen für die Frau möglichst gering zu halten; ein entsprechender Antrag der SPD, der bereits die Gewinnung überzähliger Eizellen per Strafe verbieten wollte, wurde abgelehnt[46]. Die dem zugrundeliegende unterschiedliche Wertung von Vorkernstadium einerseits und Embryo andererseits widerspricht nicht den Ausführungen des Bundesverfassungsgerichts zur Würde

[44] Keller/Günther/Kaiser, § 1 Abs. 2 Rz. 5

[45] Amtliche Begründung des Regierungsentwurfs ESchG, Bundestagsdrucksache 11/5460, abgedruckt bei Günther/Keller, Fortpflanzungsmedizin und Humangenetik – Strafrechtliche Schranken?, 2. Auflage, 1991, S. 363 ff. (375)

[46] Keller/Günther/Kaiser, § 1 Abs. 1 Nr. 5 Rdnr. 5

menschlichen Lebens. Zwar nimmt das Bundesverfassungsgericht ausdrücklich keine Stellung zur Frage des Beginns menschlichen Lebens. Es stellt aber bei der Begründung der Menschenwürde maßgeblich darauf ab, daß es sich bei „dem Ungeborenen um individuelles, in seiner genetischen Identität und damit in seiner Einmaligkeit und Unverwechselbarkeit bereits festgelegtes“ Leben handelt[47]. Auch wenn in den Vorkernen das genetische Programm des im Entstehen begriffenen Embryos bereits angelegt ist, so ist doch die spezifische genetische Information noch nicht entstanden. Eine besondere Schutzwürdigkeit des Vorkernstadiums um seiner selbst willen – also ohne Blick auf den möglicherweise daraus entstehenden Embryo – ist daher nach der hier vertretenen Auffassung nicht gegeben. Eine Regelung zur Verwendung überzähliger Vorkernstadien analog § 2 ESchG gibt es nicht.

5. Die Richtigkeit dieses Ergebnisses zeigt auch ein Blick auf § 5 ESchG. Das Verbot der künstlichen Veränderung der Erbinformation menschlicher Keimbahnzellen findet nämlich dann keine Anwendung, wenn ausgeschlossen ist, daß ein Embryo mit dieser veränderten Erbinformation entsteht (siehe auch § 5 Abs. 4 Nr. 1, 2 ESchG). Die amtliche Begründung führt dazu aus:

„Angesichts der durch Art. 5 Abs. 3 GG garantierten Forschungsfreiheit wäre es bedenklich, Experimente zu verbieten, die von vornherein zu keiner Gefährdung des Individuums zu führen vermögen.“

Untersuchungen an Keimbahnzellen sollen also möglich sein, soweit eine Gefährdung der durch § 5 Abs. 1 ESchG geschützten Rechtsgüter ausgeschlossen erscheint[48]. Dieser Ausschluß muß objektiv gegeben sein, d. h. maßgeblich ist nicht allein die subjektive Sicht des Täters. Für einen sachverständigen objektiven Betrachter muß die Gameten entweder aufgrund ihrer Beschaffenheit keine Befruchtung mehr ermöglichen, oder der Täter muß Vorkehrungen treffen, die nach menschlichem Ermessen eine mißbräuchliche Verwendung zur Befruchtung ausschließen.

Entsprechendes muß aber auch für § 1 Abs. 2 ESchG gelten, wenn die Entstehung und damit Gefährdung eines Embryos ausgeschlossen ist. Für einen Fall, der dem Gesetzgeber bei Verabschiedung des Gesetzes bekannt war, wurde dies auch umgesetzt, nämlich im Hinblick auf die Tests der Penetrationsfähigkeit menschlicher Spermien an tierischen Eizellen zu diagnostischen Zwecken. Da die Bildung von Hybriden auf diesem Weg für ausgeschlossen gehalten wird, wurde das Verbot des § 1 Abs. 2 ESchG nur auf menschliche Gameten erstreckt[49]. Der vorliegende Fall, der ersichtlich vom Gesetzgeber nicht bedacht wurde, gebietet dementsprechend ebenfalls eine Einschränkung der Strafbarkeit. Geschützte

[47] BVerfGE 88, 203 (251 ff.)

[48] Keller/Günter/Kaiser, § 5 Rz. 14

[49] Keller/Günther/Kaiser, § 1 Abs. 2 Rz. 7

Rechtsgüter sind menschliches Leben und Menschenwürde. Beide sind aber nicht tangiert, wenn es von vornherein gar nicht zur Entstehung individuellen menschlichen Lebens kommen soll. Wird die Zulässigkeit des Vorhabens prinzipiell positiv bewertet, müssen demgemäß zusammenfassend folgende Voraussetzungen[50] vorliegen:

Ausschluß einer Befruchtung,

Subsidiarität der Forschung gegenüber anderen Erkenntnisquellen (Tiermodelle),

Einwilligung der Gametenspender,

Ethisch vertretbares Forschungsziel.

Ausblick

Präimplantationsdiagnostik und Embryonenforschung - zwei rechtlich und ethisch höchst komplexe Problemfelder, die einfachen Lösungen nicht zugänglich sind. Der deutsche Sonderweg, von anderer Seite[51] auch als "german disease" bezeichnet, wird vor dem Hintergrund der europäischen Harmonisierung keinen Bestand haben können. Die rechtlichen Regelungen werden den faktischen Verhältnissen folgen. Letztendlich gilt immer noch: Die Gefahr des Mißbrauchs rechtfertigt nicht das Verbot des rechten Gebrauchs.

---

[50] Allgemein zu Forschung und Berufsrecht, H.-D.Lippert, in Ratzel/Lippert, Kommentar zur Musterberufsordnung, § 15, S. 104 ff.

[50] Sir Robert Edward, zitiert nach M.Steindor, a.a.O. S.45.

Probleme des Patienten- und Probandenschutzes aus ärztlicher Sicht

Ingeborg Walter-Sack

Die Sicherheit von Patienten und Probanden im Rahmen wissenschaftlicher Untersuchungen ist **von mehreren Beteiligten abhängig**, nämlich den **Studienteilnehmern,** den **verantwortlichen Wissenschaftlern** und darüber hinaus von **übergeordneten Organen**, zum Beispiel Ethikkommissionen, soweit sie zuständig sind. Die nachfolgende Übersicht über **mögliche Problembereiche** des **medizinischen** Probanden-/Patientenschutzes im Rahmen wissenschaftlicher Untersuchungen (jeglicher Art) wurde anhand konkreter Beispiele zusammengestellt und befaßt sich vorrangig mit Aspekten, die entweder **regelmäßig besondere Aufmerksamkeit erfordern** oder bei denen **prinzipieller Verbesserungsbedarf** besteht. Dabei muß stets berücksichtigt werden, daß wissenschaftliche Untersuchungen am Menschen nicht nur von **Ärzten**, sondern **auch von anderen Berufsgruppen** durchgeführt werden.

1. Unmittelbare Einflußmöglichkeiten/Mitwirkungspflicht der Studienteilnehmer (Probanden/Patienten)

1.1 Korrekte Information der verantwortlichen Wissenschaftler

Für eine ausreichende medizinische Sicherheit von Patienten und Probanden im Rahmen wissenschaftlicher Untersuchungen ist es unerläßlich, daß die an der Betreuung von Patienten/Probanden beteiligten Ärzte oder anderen Wissenschaftler über alle wichtigen Vorkommnisse informiert werden - dies gilt für die **medizinische Vorgeschichte** der Studienteilnehmer wie auch für ihren **aktuellen** Gesundheitszustand. **Absichtliches Verschweigen** von Vorerkrankungen, einer Vor- oder Begleittherapie mit Arzneimitteln einschließlich der Einnahme rezeptfreier Arzneistoffe zur Selbstmedikation oder der Teilnahme an einer anderen wissenschaftlichen Untersuchung kurz vor der betreffenden Studie können zu einer Fehleinschätzung des Gesundheitszustandes durch die verantwortlichen Ärzte/Wissenschaftler führen und einer Gefährdung der Studienteilnehmer Vorschub leisten. Dies gilt für die Teilnahme an jeder Art von wissenschaftlichen Untersuchungen, die mit einer Intervention verbunden sind, insbesondere jedoch für Arzneimittelstudien.

Die Teilnahme an einer **weiteren klinischen Prüfung eines Arzneimittels** unmittelbar nach einer Arzneimittelstudie kann zu **unerwünschten und unerkannten Überlappungen der Arzneimittelwirkung führen (carry over-effect)**, bei der eine Gefährdung der Studienteilnehmer nicht auszuschließen ist. Daher sollte das arzneimittelfreie Intervall ein Mehrfaches der Eliminationshalbwertzeit derjenigen Substanz betragen, die in der vorangegangenen Studie geprüft wurde. Bei einer linearen Kinetik sind nach einer Zeitspanne von fünf Eliminationshalbwertzeiten noch etwa drei Prozent der ursprünglich aufgenommenen Arzneimittelmenge im Körper vorhanden. Der Mindestabstand zur nächsten Studienteilnahme (Karenzzeit) muß daher aus Sicherheitsgründen länger sein als fünf Halbwertzeiten. Es ist naheliegend, ein Sicherheitsintervall von mindestens zehn Halbwertzeiten einzuhalten, zumal neben dosisabhängigen Arzneimitteleffekten auch mit dem Auftreten allergischer Reaktionen zu rechnen ist, die nicht von der verabreichten Arzneimitteldosis abhängen, das heißt, auch durch Wirkstoffmengen ausgelöst werden können, die nicht zu anderweitigen meßbaren Effekten führen. Da die Eliminationshalbwertzeit bei vielen Arzneimitteln weniger als 24 Stunden beträgt, wird das Mindestintervall jedoch häufig nicht anhand der Kinetik des betreffenden Wirkstoffes festgelegt, sondern willkürlich meist auf einen bis drei Monate festgesetzt. Sondersituationen ergeben sich bei Substanzen, die über längere Zeit (mehrere Monate) in einzelnen Geweben gespeichert werden, wie zum Beispiel Probucol, ein Arzneimittel zur Senkung erhöhter Blutfettwerte.

Bei **gesunden Probanden**, die möglicherweise **in mehreren Institutionen** an wissenschaftlichen Untersuchungen teilnehmen (bis hin zum sog. Probanden-Tourismus), sind die verantwortlichen Ärzte ganz besonders auf korrekte Angaben der Studienteilnehmer angewiesen. Inwieweit ein **freiwilliges Meldesystem/Probandenregister** für die Teilnahme gesunder Probanden an Arzneimittelstudien die Sicherheit von Studienteilnehmern erhöht, ist schwer abzuschätzen. Allerdings kann sich ein solcher Effekt ohnehin nur auf **Kurzzeitwirkungen der Arzneimittel** beziehen. **Langzeiteffekte/Spätfolgen** dürften bei wiederholter Teilnahme an Arzneimittelstudien kaum einem bestimmten Wirkstoff zuzuordnen sein. Im allgemeinen ist jedoch mit solchen Effekten auch nicht zu rechnen, wenn man von der möglicherweise tumorbegünstigenden Wirkung bestimmter Stoffe absieht; in Ausnahmefällen können Spätfolgen einer Arzneimittelgabe auch die nächste Generation betreffen, z.B bei Distilboestrol (1-4).

1.2 Informationspflicht gegenüber den behandelnden Ärzten, soweit sie nicht identisch sind mit den verantwortlichen Wissenschaftlern
(bei Arzneimittelstudien und MPG-Studien: soweit sie nicht gleichzeitig „Prüfärzte" sind)

Bei länger dauernden Studien, insbesondere bei Therapiestudien mit Arzneimitteln, ist nicht auszuschließen, daß **studienunabhängige Erkrankungen** auftreten, die behandlungsbedürftig sind. Sofern der akut versorgende Arzt nicht über die Teilnahme der Patienten/Probanden an einer Studie informiert wird oder werden kann, können entweder durch die zusätzlichen Maßnahmen, zum Beispiel in Interaktion mit der Studienmedikation, oder durch das Absetzen der Studienmedikation gesundheitlich bedenkliche Situationen auftreten. Solchen Situationen muß weitestgehend vorgebeugt werden, indem die Patienten/Probanden, soweit sie dazu in der Lage sind, ihre behandelnden Ärzte über die Studienteilnahme informieren. Hier könnte im übrigen die Eigenverantwortung der Studienteilnehmer ergänzt werden durch einen Studienausweis, der wie ein Blutgruppenausweis jederzeit mitgeführt wird.

2. Unmittelbarer Verantwortungsbereich der beteiligten Wissenschaftler/Prüfärzte

2.1 Mögliche Probleme bei der Festlegung des Studiendesigns

2.1.1 Ausreichende medizinische Überwachung der Studienteilnehmer

Für eine ausreichende Patienten-/Probandensicherheit ist es erforderlich, daß mindestens **vor Beginn und nach Abschluß der Teilnahme** an einer wissenschaftlichen Studie detaillierte Untersuchungen zur **Überprüfung des aktuellen Gesundheitszustandes**, zum Beispiel Blutuntersuchungen, durchgeführt werden, nicht nur, um gefährdete Personen von vorn herein von einer Studienteilnahme auszuschließen, sondern auch, um ggf. studienbedingte Störungen zu erfassen und zu beheben. Der Zeitpunkt für die Untersuchung nach Beendigung der Studienteilnahme muß sinnvoll gewählt sein, bei Arzneimittelstudien in Relation zur Eliminationsgeschwindigkeit des Arzneimittels. Das Zeitintervall zwischen der letzten Arzneimittelgabe und der Abschlußuntersuchung sollte bei Fremdstoffen in der Regel ein Mehrfaches der Eliminationshalbwertzeit betragen. Hinzu kommen ggf. entsprechende **Kontrolluntersuchungen im Verlauf** einer Studie, deren Umfang jeweils abhängig ist vom Studientyp, so daß hier keine allgemeinen Empfehlungen gegeben werden können.

2.1.2 Sondersituationen in Verbindung mit einem Wechsel des Studiendesigns

2.1.2.1 Prospektiv festgelegter Wechsel der Studienanordnung

2.1.2.1.1 Übergang von Placebo-kontrollierten doppelblinden Arzneimittelstudien in offene Anschlußstudien

Im Anschluß an Placebo-kontrollierte Arzneimittelstudien sollen häufig **offene Langzeitstudien** durchgeführt werden. Für die **Patienten der Placebo-Gruppe** kontrollierter Studien beginnt dann erst mit einer offenen Anschlußstudie die Arzneimittelexposition. Sie erfordert im Prinzip eine Dosistitration und ebenso engmaschige Überwachung wie die Therapie zu Beginn einer kontrollierten Studie. Unterbleibt diese Dosistitration oder ist die Überwachung nicht engmaschig genug mit der Begründung, daß sich die Patienten „schon seit längerer Zeit in einer Studie befinden", so können Komplikationen aufgrund einer im Einzelfall zu starken Arzneimittelwirkung nicht ausgeschlossen werden. Hinzu kommt, daß zu diesem Zeitpunkt im allgemeinen keine Entblindung der kontrollierten Studienphase und keine Zwischenauswertung stattfindet, so daß die Berechtigung einer offenen Langzeitstudie ohne Kenntnis der Ergebnisse der vorangegangenen Placebo-kontrollierten Studie aus prinzipiellen Erwägungen angezweifelt werden kann. Letzteres ist um so bedeutsamer, je geringer die Kenntnisse über die Prüfsubstanz sind. In fortgeschrittenen Phasen der Entwicklung neuer Arzneimittel, zum Beispiel der Phase 3b unmittelbar vor der Zulassung, bei der klinischen Prüfung neuer Darreichungsformen bereits zugelassener Arzneimittel oder bei der Prüfung von Kombinationen bekannter Arzneistoffe, stehen solche Bedenken allerdings weniger im Vordergrund als bei frühen Phase 3 - Studien.

2.1.2.1.2 Übergang von einer Arzneimittelstudie der Phase 3 in eine Anwendungsbeobachtung

Teilweise werden Studien der Phase 3b fortgesetzt in Form einer **offenen Anwendungsbeobachtung**, das heißt, es erfolgt ein Übergang von einer Studie mit Prüfchargen eines neu entwickelten Arzneimittels (oder einer neu entwickelten pharmazeutischen Zubereitung) in eine Langzeittherapie mit einer dann handelsüblichen Darreichungsform. In diesem Spezialfall muß sichergestellt sein, daß die **Prüfchargen** und die **Handelschargen** des betreffenden Arzneimittels exakt die gleiche Galenik (die gleichen pharmazeutischen Eigenschaften) aufweisen. Bestünden hier Diskrepanzen, so müßte mit Fehleinschätzungen der individuell erforderlichen Arzneimitteldosis gerechnet werden.

2.1.2.2 Korrektur der Prüfanordnung oder Studienabbruch infolge neuer wissenschaftlicher Erkenntnisse

Bei Therapiestudien mit einer protrahierten Aufnahme von Patienten in die Studie ist nicht auszuschließen, daß sich **zwischenzeitlich wissenschaftliche Erkenntnisse** ergeben, die ein bestimmtes Studienprotokoll nicht mehr vertretbar erscheinen lassen. Das bedeutet, daß zwar die initial aufgenommenen Patienten unter korrekten Bedingungen versorgt werden, daß aber zu einem späteren Zeitpunkt entweder die Einschlußvoraussetzungen geändert werden müssen oder aber die Studie abgebrochen werden muß. In Deutschland ist der verantwortliche Studienleiter, der sog. Leiter der klinischen Prüfung nach §40 AMG (5) bzw. §17 MPG (6), verpflichtet, sich kontinuierlich über das Prüfprodukt zu informieren und ggf. aufgrund von sicherheitsrelevanten Aspekten Änderungen des Prüfprotokolls zu veranlassen oder eine Studie vorübergehend zu unterbrechen oder unter Umständen sogar abzubrechen.

2.1.3 Vertretbarkeit behandlungsfreier Phasen in Therapiestudien

2.1.3.1 „Auswasch"-Phasen in Arzneimittelstudien

Unter bestimmten Voraussetzungen muß bei Arzneimittelstudien eine entsprechende **Vorbehandlung abgesetzt** werden, um korrekte Ausgangswerte für die Beurteilung der Wirkung eines zu prüfenden Arzneimittels zu erhalten. Dabei muß sichergestellt werden, daß sich in dieser Zeit nicht ein absolut behandlungsbedürftiger Zustand einstellt, der dann unbehandelt bleibt. So muß bei Absetzen einer Vorbehandlung mit blutdrucksenkenden Arzneimitteln der Patient in dieser sog. Auswasch-Phase ggf. die Chance zur Blutdruckselbstmessung haben, damit er sich in Notfällen an den Prüfarzt wenden kann. Eine behandlungsfreie Auswasch-Phase hat andererseits aber den Vorteil, daß Interaktionen zwischen der Vorbehandlung und der Studienmedikation praktisch ausgeschlossen werden. Sie sollte nicht zu kurz sein, damit eine Gefährdung der Studienteilnehmer durch Arzneimittelinteraktionen tatsächlich vermieden werden kann.

2.1.3.2 Berechtigung einer Placebo-Gabe

Die Gabe von Placebo ist **vertretbar** und führt nicht zu einem Sicherheitsrisiko, solange ohnehin **keine etablierte Standardtherapie,** d.h. keine **nach heutigen Qualitätsstandards validierte** wirksame und sichere Behandlung **zur Verfügung steht.** Dies ist viel seltener der Fall als allgemein angenommen wird. Ferner ist die Verwendung von Placebo vertretbar bei sog. **Add on-Studien**, bei denen die Prüfmedikation und Placebo jeweils zusätzlich zu der „Standardtherapie" verabreicht werden, die alle Patienten erhalten, also auch diejenigen der Placebo-Gruppe. Darüber hinaus ist Placebo akzeptabel bei der Behandlung von

Krankheits**stadien**, bei denen eine **generelle Therapienotwendigkeit** noch nicht anerkannt ist, bei denen also ein gewisser Ermessensspielraum besteht, ob überhaupt eine Therapie vertretbar oder erforderlich ist.

2.2 Mögliche/häufig zu beobachtende Fehler der beteiligten Wissenschaftler

Eine Beeinträchtigung der Sicherheit von Patienten und Probanden kann sich ergeben durch eine Reihe ganz **verschiedener Mechanismen**, die insgesamt keine Ausnahme darstellen. Dazu gehören:

- **Mißachtung des Studiendesigns**, zum Beispiel der Ein- und Ausschlußkriterien, so daß vorbestehende gesundheitliche Störungen/Begleitkrankheiten zu Schwierigkeiten führen. Dies gilt für viele wissenschaftliche Untersuchungen, nicht nur für Arzneimittel- und MPG-Studien.

- **Fehlerhafte Einschätzung des Prüfproduktes**, vor allem wegen unzureichender Kenntnisnahme der Eigenschaften des Prüfproduktes (eines Arzneimittels oder Medizinproduktes); erstaunlich viele Prüfärzte sind der Ansicht, daß unter anderem der Inhalt der sog. Investigator's Brochure für die Durchführung einer klinischen Prüfung nicht wichtig sei; dementsprechend verzichten sie auf eine detaillierte Durchsicht der einschlägigen Dokumentation, aus der mögliche Risiken für die Studienteilnehmer abgeleitet werden können.

- **Fehlinterpretation neu aufgetretener gesundheitlicher Beschwerden** im Sinne von Symptomen der Grundkrankheit oder einer Begleitkrankheit, die tatsächlich aber Ausdruck einer Unverträglichkeit der Studienmedikation sind, oder Fehleinschätzung einer unzureichenden therapeutischen Wirksamkeit der Studienmedikation.

- **Fehlvorstellungen in bezug auf den Zulassungsstatus von Arzneimitteln:** Zugelassen werden Arzneistoffe **in bestimmten Darreichungsformen** jeweils für die **geprüfte/n** Indikation/en in dem **geprüften** Dosisbereich; hierfür können sie korrekt angewendet werden. Im Rahmen der Therapiefreiheit sind Arzneimittel zwar auch darüber hinaus „individualisiert" einsetzbar; die Arzneimittelsicherheit kann jedoch in diesem Fall nicht mehr als nachgewiesen gelten und muß für jeden einzelnen Patienten in einer individuellen Nutzen/Risiko-Abwägung durch den behandelnden Arzt ermittelt werden. Die **Fehlvorstellung**, daß **im Handel befindliche** Arzneimittel für alle medizinisch vorstellbaren Arten der Anwendung **pauschal zugelassen** seien, ist keine Seltenheit. Eine unkritische Anwendung insbesondere oberhalb des zugelassenen Dosisbereiches (!) kann in Arzneimittelstudien zu unerwarteten Sicherheitsproblemen führen.

- Medizinische Risiken können auch die **Folge einer unzureichenden Aufklärung** der Studienteilnehmer sein: Die schriftliche Patienten-/Probanden-Aufklärung enthält häufig Formulierungen, die für medizinische Laien nicht verständlich sind. Dies gilt nicht nur für primär deutsch-sprachige Aufklärungstexte, sondern vor allem für Übersetzungen anglo-amerikanischer Vorlagen, die teilweise grob fehlerhaft übertragen werden (offensichtlich aus Unkenntnis der spezifischen Studienbedingungen). Dadurch kann unbeabsichtigt die Kooperation von Patienten oder Probanden in einer Studie beeinträchtigt werden. Auch eine adäquate, **für medizinische Laien verständliche** Aufklärung der Studienteilnehmer ist daher eine wichtige Voraussetzung für eine ausreichende Sicherheit der Probanden/Patienten.

3. Mittelbarer Einfluß indirekt beteiligter Organe

3.1 Gesetzlich etablierte medizinische Ethikkommissionen und Fehlen vergleichbarer Einrichtungen bei anderen Berufsgruppen

Aufgrund des ärztlichen Berufsrechtes (7-9) und neuerdings des Arzneimittel- (5,10,11), Medizinprodukte- (6) und Transfusionsgesetzes (12) besteht ein Zwang zu einer Beratung **ärztlich durchgeführter** wissenschaftlicher Projekte durch Ethikkommissionen. Durch die Notwendigkeit einer Beurteilung des Nutzen/Risiko-Verhältnisses trägt die Arbeit der **gesetzlich etablierten Ethikkommissionen** zum Schutz von Patienten und Probanden in denjenigen Studien bei, die von **Ärzten** durchgeführt werden bzw. an denen Ärzte beteiligt sind.

Eine **völlig andere Situation** ergibt sich bei **wissenschaftlichen Untersuchungen am Menschen**, die ohne ärztliche Beteiligung von Angehörigen **anderer Berufsgruppen** durchgeführt werden, zum Beispiel Naturwissenschaftlern einschließlich Biochemikern, Toxikologen, Ökotrophologen und Psychologen. Dabei werden medizinische Aspekte der Probandensicherheit im allgemeinen nicht vor Beginn der Studie durch ein unabhängiges Gremium beurteilt. Einrichtungen für die Begutachtung solcher Projekte fehlen weitgehend. Eine Ausnahme bildet die Ethikkommission für Naturwissenschaftler („nicht-medizinische Fakultäten"), die **„Naturwissenschaftlich/Sozialwissenschaftliche Ethikkommission"**, die 1995 an der Universität Heidelberg eingerichtet wurde „zur rechtlichen und ethischen Beurteilung von naturwissenschaftlichen oder sozialwissenschaftlichen Forschungsvorhaben mit denkbaren nachteiligen Auswirkungen auf diejenigen Menschen, mit denen sich das Forschungsvorhaben befaßt, unter Einbeziehung von Vorhaben mit menschlichen Primärzellen oder mit personenbezogenen Daten" (13). Diese Ethikkommission soll dem Forscher Hilfe durch Beratung und Beurteilung ethischer und rechtlicher Aspekte naturwissenschaftlich-sozialwissenschaftlicher Forschung am Menschen gewähren. Sie ist für alle Forschungsvorhaben am Menschen zuständig, die an den nicht-medizinischen Fakultäten der Universität und ihren Einrichtungen durchgeführt werden. **Zur Wahrung der Einheitlichkeit der ethischen und rechtlichen Beurteilung** durch die Ethikkommissionen der beiden **Medizinischen** Fakultäten der Universität Heidelberg sowie durch die Ethikkommission für die **naturwissenschaftliche und sozialwissenschaftliche Forschung am Menschen** wurde eine **Zentrale Ethikkommission** eingerichtet. Sie soll zur Übereinstimmung der Beratungspraxis der Ethikkommissionen der Medizinischen Fakultäten und der naturwissenschaftlich-sozialwissenschaftlichen Ethikkommission beitragen. Dies **impliziert**, daß die **Regeln des ärztlichen Handelns**, die z.B. in der Deklaration des Weltärztebundes von Helsinki in der aktuell gültigen Fassung (14) festgelegt sind, **ohne Modifizierung auf andere Berufsgruppen übertragen werden** können und sollen, nachdem in den betreffenden Berufsgruppen bisher keine entsprechenden Bewertungskriterien oder Codices entwickelt wurden. Eine solche Verallgemeinerung ärztlicher Verhaltensregeln liegt auch insfoern nahe, als es um den Schutz derselben Rechtsgüter geht, nämlich den gesundheitlichen Schutz (im weitesten Sinn) und um den Schutz der Persönlichkeitsrechte von Studienteilnehmern.

3.2. Defizite der einschlägigen Gesetze infolge unzureichender Kenntnisnahme von Forschungsschwerpunkten durch den Gesetzgeber

Der Abschnitt **„Schutz des Menschen bei der klinischen Prüfung“**, also die **§§40-42 des Arzneimittelgesetzes** (5, 10, 11), sowie die ergänzende Verordnung über die „Grundsätze zur ordnungsgemäßen Durchführung der klinischen Prüfung von Arzneimitteln“ (15) gelten für **alle Arten von Arzneimittelstudien**, unabhängig vom Zulassungsstatus des betreffenden Arzneistoffes und unabhängig davon, ob eine Studie durch einen einzelnen Wissenschaftler, eine wissenschaftliche Fachgesellschaft oder einen Arzneimittelhersteller initiiert wird. Allerdings erscheint ein so beträchtlicher Teil des Gesetzestextes ausschließlich Hersteller-bezogen, daß **Fehlinterpretationen der Anwendbarkeit des Gesetzes** im Bereich Hersteller-unabhängiger Forschungseinrichtungen zumindest verständlich sind. Unglücklicherweise enthält das Arzneimittelgesetz nicht einmal eine **Definition des Begriffes „klinische Prüfung“**, so daß die Verordnung über die „Grundsätze für die ordnungsgemäße Durchführung der klinischen Prüfung“ aus dem Jahr 1987 für eine Klarstellung herangezogen werden muß (15). Aus dieser ergibt sich, daß **jede** Studie, in der **Arzneimittel angewendet werden mit dem Ziel, über den Einzelfall hinausgehende Erkenntnisse über das betreffende Arzneimittel zu gewinnen**, die Anforderungen der §§40-42 AMG erfüllen muß, unabhängig davon, ob das Arzneimittel innerhalb oder außerhalb der zugelassenen Indikation, innerhalb oder außerhalb des zugelassenen Dosisbereiches und in einer zugelassenen Darreichungsform angewendet oder mit anderen Therapieformen verglichen wird. Nach dem Wortlaut dieser Verordnung ist eindeutig, daß auch eine sog. Therapieoptimierungsstudie eine klinische Prüfung im Sinne der §§40-42 AMG darstellt. Ferner ist nach dem Wortlaut der „Grundsätze (15) eindeutig, daß die Verabreichung von Arzneimitteln an gesunde Probanden immer eine klinische Prüfung im Sinn der §§40-42 AMG darstellt und daher nur unter AMG-gerechten Voraussetzungen erfolgen darf (Leitung durch einen Arzt mit ausreichender Erfahrung in der Erprobung von Arzneimitteln, AMG-gerechter Prüfplan, Probandenversicherung, Beratung durch die zuständige Ethikkommission). Es besteht Grund zu der Annahme, daß Fehlvorstellungen über den Geltungsbereich des Arzneimittelgesetzes und insbesondere eine Fehlinterpretation des Begriffes „klinische Prüfung" in Einzelfällen dazu führen, daß bei Probandenstudien keine AMG-Bedingungen eingehalten werden, wenn es um „zugelassene", das heißt im Handel erhältliche und damit für Hersteller-unabhängige Studien gut zugängliche Arzneimittel geht (siehe auch 2.2). Der Gesetzgeber wäre gut beraten gewesen, im Rahmen einer Novellierung der §§40-42 AMG, wie sie soeben in Kraft getreten ist (11), den **Gesetzeswortlaut so eindeutig zu formulieren**, daß der **Geltungsbereich** des Gesetzes unmißverständlich erkennbar ist. Dies hätte Diskrepanzen in der Beurteilung rein wissenschaftsgetragener Arzneimittelstudien durch die verantwortlichen Prüfärzte, Fachgesellschaften, Ethikkommissionen, Aufsichtsbehörden und Versicherungsunternehmen beseitigen können und damit eine korrekte Durchführung solcher Arzneimittelstudien begünstigt. Dies würde auch **zur medizinischen Sicherheit der Studienteilnehmer beitragen**, da die entsprechenden gesetzlichen Regelungen und die flankierenden Vorgaben, insbesondere die GCP-Empfehlungen in Form der entsprechenden ICH-Richtlinie (16), einen **optimalen medizinisch-wissenschaftlichen Standard fordern.** Dieser ist in wesentlichen Punkten identisch für rein wissenschaftsgetragene Studien und sog. Zulassungsstudien, auch wenn die internationalen Empfehlungen primär auf Studien abzielen, die als Grundlage einer Arzneimittelzulassung dienen sollen. Unpräzise Formulierungen des Patienten-/Probandenschutzes in AMG, MPG und Transfusionsgesetz können auch bei anderen Aspekten zu erheblichen Auslegungsproblemen führen.

Literatur

1. Greenberg ER, Barnes AB, Resseguie L, Barrett JA, Burnside S, Lanza LL, Neft RK, Stevens M, Young RH, Colton T: Breast cancer in mothers given diethylstilbestrol in pregnancy. N Engl J Med 311:1393-1398 (1984)

2. Robboy SJ, Noller KL, O'Brien P, Kaufman RH, Townsend D, Barnes AB, Gundersen J, Lawrence WD, Bergstrahl E, McGorray S, Tilley BC, Anton J, Chazen G: Increased incidence of cervical and vaginal dysplasia in 3,980 diethylstilbestrol-exposed young women. Experience of the National Collaborative Diethylstilbestrol Adenosis Project. JAMA 252:2979-2983 (1984)

3. Melnick S, Cole P, Anderson D, Herbst A: Rates and risks of diethylstilbestrol-related clear-cell adenocarcinoma of the vagina and cervix. An update. N Engl J Med 316:514-516 (1987)

4. Hatch EE, Palmer JR, Titus-Ernstoff L, Noller KL, Kaufman RH, Mittendorf R, Robboy SJ, Hyer M, Cowan CM, Adam E, Colton T, Hartge P, Hoover RN: Cancer risk in women exposed to diethylstilbestrol in utero. JAMA 280:630-634 (1998)

5. Gesetz über den Verkehr mit Arzneimitteln (AMG) in der Fassung des Gesetzes zur Neuordnung des Arzneimittelrechts vom 24. August 1976, zuletzt geändert durch das Sechste Gesetz zur Änderung des Arzneimittelgesetzes vom 20. Dezember 1996 (BGBl. I S. 2084). Vollständiger Gesetzestext in: Editio Cantor Verlag, Aulendorf, 1997

6. Gesetz über Medizinprodukte (Medizinproduktegesetz - MPG). BGBl I vom 9. August 1994, S. 1963-1984

7. Bundesärztekammer: Berufsordnung für die deutschen Ärzte. Dt. Ärztebl. 85:3601-3608 (1988)

8. Bekanntmachung der Neufassung des Kammergesetzes. Gesetzblatt für Baden-Württemberg vom 17. Mai 1995, S. 315

9. Landesärztekammer Baden-Württemberg: Neufassung der Berufsordnung vom 14. Januar 1998. Ärzteblatt Baden-Württemberg, Beilage zu Heft 2/98.

10. Fünftes Gesetz zur Änderung des Arzneimittelgesetzes. BGBl I vom 16. August 1994, S. 2071-2087 (in Kraft getreten ein Jahr nach Verkündigung)

11. Achtes Gesetz zur Änderung des Arzneimittelgesetzes. BGBl I vom 10. September 1998, S. 2649-2657

12. Gesetz zur Regelung des Transfusionswesens (Transfusionsgesetz - TFG). BGBl I vom 6. Juli 1998, S. 1752-1760

13. Universität Heidelberg: Satzung der Ethikkommissionen. Mitteilungsblatt Nr. 9/1995 vom 29. September 1995, S. 253-258; Änderung der Satzung. Mitteilungsblatt Nr. 12/1998 vom 16. Oktober 1998, S.163

14. Weltärztebund, World Medical Association: Declaration of Helsinki. Recommendations guiding physicians in biomedical research involving human subjects. Adopted 1964, amended 1975, 1983,1989, and Somerset West 1996

15. Der Bundesminister für Jugend, Familie, Frauen und Gesundheit: Bekanntmachung von Grundsätzen für die ordnungsgemäße Durchführung der klinischen Prüfung von Arzneimitteln. Bundesanzeiger 243 vom 30. Dezember 1987, S. 16617-16619

16. International Conference on Harmonisation: ICH Topic E6. Guideline for Good Clinical Practice. Step 5, Consolidated Guideline 1.5.96 (CPMP/ICH/135/95) including post Step 4 errata. Status: September 1997

Der Schutz der Probanden / Patienten und ihrer Daten durch Schweigepflicht und Datenschutz

Rudolf Burger

„Datenschutz“ und „Schweigepflicht“ werden von Ärzten häufig in einem Atemzug genannt, obwohl die beiden Begriffe in „durchschnittsärztlicher“ Sicht unterschiedlich emotional besetzt sind und obwohl sie – zumindest tendenziell – unterschiedliche Schutzziele haben. Diese dürften in der Ärzteschaft nicht allgemein bekannt sein:

I) Unterschiedliche Schutzziele von Datenschutz und Schweigepflicht

Datenschutz soll nach der Legaldefinition des § 1 Abs. 1 Bundesdatenschutzgesetz den Einzelnen davor schützen, daß er mit seinen personenbezogenen Daten in seinem Persönlichkeitsrecht beeinträchtigt wird.

Die – in § 203 StGB geregelte – **Schweigepflicht** soll das Vertrauensverhältnis zwischen Arzt und Patient schützen und zwar sowohl in der einzelnen bestehenden Arzt-Patienten-Beziehung als auch im Hinblick auf potentielle Vertrauensbeziehungen zu Mitgliedern des ärztlichen Berufsstandes. Sie hat also sowohl einen individualisierenden als auch einen berufsfunktionalen Ansatzpunkt.[1]

Stark vereinfachend könnte man den Datenschutz als den „innersten Festungsring“ um das Persönlichkeitsrecht des Patienten ansehen und die Schweigepflicht als den äußeren, Arzt und Patient umfassenden „Festungsring“ .

Bei genauerer Betrachtung der datenschutzrechtlichen Normen, die die Datenweitergabe regeln, zeigt sich, daß der Datenschutz auch in der Dimension des „zweiten Festungsringes“ wirksam ist. Von da her wird auch die Subsidiaritätsnorm des § 1 Abs. 4 BDSG verständlich, die nach herrschender

[1] Taupitz, Die Standesordnungen der freien Berufe 1991 S. 57 ff.

Meinung die Regelungen des Bundesdatenschutzgesetzes hinter diejenigen des § 203 StGB zurücktreten läßt, soweit diese reichen.[2]

II) Schweigepflicht im ärztlichen Berufsrecht

Neben der strafrechtlich geregelten Schweigepflicht gibt es auch im **ärztlichen Berufsrecht** Bestimmungen zur Schweigepflicht, auf die aus zwei Gründen näher eingegangen werden soll:

Zum einen liegt der Schwerpunkt beim Schutzziel etwas anders als bei der strafrechtlichen Schweigepflicht und zum anderen gibt ein Rückblick auf die jüngere Historie dieser berufsrechtlichen Bestimmung einen Eindruck vom Umgang der Ärzteschaft mit dem Spannungsverhältnis zwischen dem Schutz der Individualsphäre und dem Forschungsinteresse im Dienste der Allgemeinheit.

Die Bestimmung lautet [3]:

„Der Arzt hat über das, was ihm in seiner Eigenschaft als Arzt anvertraut oder bekannt geworden ist - auch über den Tod des Patienten hinaus - zu schweigen."

Die berufsrechtliche Schweigepflicht geht über den Schutz des fremden Geheimnisses hinaus, denn sie umfaßt alles, was dem Arzt in seiner Eigenschaft als Arzt anvertraut oder bekannt geworden ist. Darin kommt eine Verlagerung des Schutzgedankens gegenüber der strafrechtlichen Schweigepflicht in Richtung einer allgemeinen Berufsverschwiegenheit – „ars muta" nach Vergil – zum Ausdruck.[4]

Die berufsrechtlichen Bestimmungen zur Schweigepflicht äußern sich auch zu Forschung und Lehre. Die Bestimmung[5] lautete seit 1977 bis zu der noch zu berichtenden Änderung im Jahre 1990:

---

2 Gola/Schomerus, Bundesdatenschutzgesetz, 6. Aufl. 1997, § 1 Anm. 7 m. w. N.

3 § 9 Abs. 1 Satz 1 der (Muster-)Berufsordnung für die deutschen Ärztinnen und Ärzte - MBO-Ä 1997 – i. d. F. der Beschlüsse des 100. Deutschen Ärztetages in Eisenach DÄBl 94 (1997), Nr. 37, S. A-2354

4 Taupitz (Fn. 1) S. 165 ff, 876 f

5 § 2 Abs. 7 der Berufsordnung für die deutschen Ärzte i. d. F. des Beschlusses des 80. Deutschen Ärztetages 1977 in Saarbrücken (Stenographischer Wortbericht S. 172). Vor dieser Änderung lautete die Bestimmung: „Zum Zwecke der wissenschaftlichen Forschung und Lehre dürfen der Schweigepflicht unterliegende Tatsachen und Befunde nur insoweit mitgeteilt werden, als dadurch berechtigte Interessen des Patienten nicht verletzt werden oder dieser ausdrücklich zustimmt."(Berufsordnung für die deutschen Ärzte DÄBl 41 (1956), Nr. 33, S. 943)

„Zum Zwecke der wissenschaftlichen Forschung und Lehre dürfen der Schweigepflicht unterliegende Tatsachen und Befunde nur soweit mitgeteilt werden, als dabei die Anonymität des Patienten gesichert ist oder dieser ausdrücklich zustimmt.“

Der 92. Deutsche Ärztetag 1989 befaßte sich schwerpunktmäßig mit dem Thema „Datenschutz und Datennutzung – Persönlichkeitsrechte versus Freiheit der Forschung“ und hörte hierzu auch ein Referat von Prof. Dr. Hans-Ludwig Schreiber, seinerzeit Staatssekretär im Niedersächsischen Ministerium für Wissenschaft und Kunst. Er übte vorsichtige Kritik daran, daß diese Norm ausschließlich auf die Einwilligung des Patienten abstelle und dabei ignoriere, daß es faktische Hinderungsgründe für das Einholen der Einwilligung geben könne und – schwerwiegender noch – daß sie nicht eine allgemeine Güterabwägung zulasse, unter der von der Einwilligung des Betroffenen abgesehen werden kann, wie es die seinerzeit im Entwurf vorliegende Novelle des BDSG und bereits einige Länderdatenschutzgesetze vorsahen. Solches hielt Professor Schreiber in Ausnahmefällen für angängig, wenn es innerhalb eines „dichten Rahmens von Verfahrensvoraussetzungen“ stattfinden würde[6].

Eine dieser Verfahrensvoraussetzungen war seinerzeit bereits berufsrechtlich geschaffen: die Konsultationsverpflichtung des mit personenbezogenen Daten forschenden Arztes bei der Ethik-Kommission (Näheres s. unter V.).[7]

Der 92. Deutsche Ärztetag beschloß dann nach ausführlicher Diskussion einen Antrag an den Vorstand der Bundesärztekammer, einen Kompromiß für die berufsrechtliche Regelung vorzuschlagen, damit bei Wahrung des Patientengeheimnisses die notwendige medizinische Forschung durchgeführt werden könne.[8]

Auf dem nächstjährigen Deutschen Ärztetag schlug der Vorstand dem Deutschen Ärztetag dann vor, das Wort ***„grundsätzlich“*** in die zitierte Bestimmung einzuführen[9]. Hinsichtlich der Voraussetzungen für einen Verzicht auf die Einholung der Einwilligung verwies der Referent auf die Stellungnahme des Wissenschaftlichen Beirates der Bundesärztekammer „Wahrung der ärztlichen Schweigepflicht und des Datenschutzes in der medizinischen Forschung“ vom Oktober 1989[10], in der folgende Forderungen aufgestellt worden waren:

- Das medizinische Forschungsvorhaben ist ohne personenbezogene Daten nicht durchführbar,

---

6 Stenographischer Wortbericht des 92. Deutschen Ärztetages 1989 in Berlin S. 181 ff.

7 § 1 Abs. 4 der Berufsordnung für die deutschen Ärzte DÄBl 82 (1985), Nr. 45, S. 3371

8 Drucksache II-3Neu – neu, Wortbericht DÄT 1989 (Fn. 6) S. A-23

9 Stenographischer Wortbericht des 93. Deutschen Ärztetages 1990 in Würzburg S. 238 ff.

10 DÄBl 86 (1989), Nr. 40, S. A-2843

- die Bedeutung des Forschungsvorhabens überwiegt das Interesse des Patienten an der Geheimhaltung seiner Daten,
- eine Einwilligung zur Offenbarung ist nicht oder nicht ohne Schaden für den Patienten erreichbar,
- die Offenbarung bleibt ohne Nachteil für den Patienten.[11]

Nach kontroverser Diskussion stimmte der 93. Deutsche Ärztetag mit knapper Mehrheit (113 : 105 Stimmen) dann diesem Änderungsvorschlag zu.

Beim Versuch der Umsetzung dieser Änderung der Muster-Berufsordnung in die Satzungsbestimmungen der einzelnen Landesärztekammern wurden durch einige Aufsichtsbehörden Bedenken geäußert, so in Bayern, wo das seinerzeit rechtsaufsichtsführende Staatsministerium des Innern ausführte, daß die Einfügung des Wortes „grundsätzlich" in die berufsrechtliche Bestimmung der Schweigepflicht zumindest den unzutreffenden Anschein erwecken würde, als gäbe es zum Zwecke der wissenschaftlichen Forschung und Lehre Ausnahmen von der geltenden (Straf-)Rechtslage[12]. Beim überwiegenden Teil der Landesärztekammern blieb es deshalb bei der alten Berufsrechtslage.

Der vorläufig letzte Akt war die Neufassung der Muster-Berufsordnung durch den 100. Deutschen Ärztetag 1997. Diese war mit wenigen materiellen Änderungen verbunden und diente vornehmlich dem Ziel, die Systematik klarer herauszuarbeiten. Dabei kam die besagte Forschungsklausel – und zwar wiederum mit dem Wort „grundsätzlich" – in den neu geschaffenen Paragraphen „Forschung"[13]. Erstaunlicherweise wurden nunmehr bei der Umsetzung in das Satzungsrecht der Landesärztekammern – dort wo sie bereits durchgeführt ist – diesbezüglich keine Bedenken geäußert.

[11] So die Zusammenfassung der Stellungnahme des Wissenschaftlichen Beirats durch den Referenten Große-Ruyken (Wortbericht DÄT 1990 (Fn. 9) S. 240). Wissenschaftlicher Beirat und Vorstand der Bundesärztekammer waren im Dissens bezüglich der Konkretisierung der Voraussetzungen für den Einwilligungsverzicht, wie aus dem Vorwort der Stellungnahme (Fn. 10) hervorgeht.

[12] Schreiben des Bayer. Staatsministeriums des Innern vom 02.10.1990 Nr. IE8-5012-5/8/90

[13] § 15 Abs. 3 MBO-Ä 1997 (Fn. 3): „Zum Zwecke der wissenschaftlichen Forschung und Lehre dürfen der Schweigepflicht unterliegende Tatsachen und Befunde grundsätzlich nur soweit offenbart werden, als dabei die Anonymität des Patienten gesichert ist oder der Patient dem ausdrücklich zugestimmt hat."

III) Schweigepflicht im Strafrecht

Letztlich hat diese Betrachtung des Berufsrechts einen höheren berufspsychologischen als rechtlichen Informationswert, denn die **strafrechtlich** geregelte Schweigepflicht kennt **keine** Ausnahmevorschriften für das Offenbaren von Patientengeheimnissen zu Forschungszwecken[14]. Auch Güterabwägungen oder die Annahme einer mutmaßlichen Einwilligung dürften im Forschungskontext selten in Frage kommen.[15] Ebenso ist jeder andere interpretatorische Ansatz zur Auflockerung der Schweigepflicht zugunsten der medizinischen Forschung zum Scheitern verurteilt, wie etwa die Annahme des berechtigten Eigeninteresses des forschenden Arztes oder diejenige der Sozialadäquanz – spätestens seit der Rechtsprechung des Bundesgerichtshofes zur Schweigepflicht etwa im Zusammenhang mit der Abtretung von Honorarforderungen an Abrechnungsstellen oder zur Übergabe der Patientenkartei bei der Praxisveräußerung wird man zu diesem Ergebnis gelangen[16]. „Es bleibt also nur die ausdrückliche Entbindung von der ärztlichen Schweigepflicht durch den Patienten bezüglich derjenigen Vorgänge, die der ärztlichen Schweigepflicht unterliegen und die in Forschungsprojekten verwendet und veröffentlicht werden sollen" (Lippert)[17].

---

[14] Das schweizerische Strafrecht erkennt die medizinische Forschung unter bestimmten Bedingungen als Rechtfertigungsgrund für die Durchbrechung des ärztlichen Berufsgeheimnisses an (Art. 321 bis StGB – in Kraft seit 1. Juli 1993). Einer Expertenkommission mit dem Status einer außerparlamentarischen Kommission aus einem Präsidenten, einem Vizepräsidenten und neun Mitgliedern obliegt die Entscheidung über einschlägige Gesuche. Weitere Voraussetzung für die Zulässigkeit der Geheimnisoffenbarung ist, daß der Berechtigte nach Aufklärung über seine Rechte die Offenbarung nicht ausdrücklich untersagt hat. Die Bewilligung der Kommission wird im Bundesblatt veröffentlicht (Verordnung über die Offenbarung des Berufsgeheimnisses im Bereich der medizinischen Forschung (VOBG, SR 235.154, Internet: http://www.gesetze.ch/text/k1132.htm)) . s.a. Erfahrungsberichte von Pieth, Datenschutz in der medizinischen Forschung QualiMed 6 (1988), 27 und Günter, Datenschutz im Bereich der medizinischen Forschung Internet: http://www.popnet.ch/Guenter.Zbinden/datensch2.html

[15] Lippert / Strobel, Ärztliche Schweigepflicht und Datenschutz in der medizinischen Forschung VersR 92 (1996), 427

[16] Helle, Schweigepflicht und Datenschutz in der medizinischen Forschung MedR 14 (1996), 13

[17] Fn. 15 S. 429

IV) Bundesdatenschutzgesetz, EU-Datenschutzrichtlinie und „medizinisches Forschungsgeheimnis"

Für die Forschung mit „medizinischen" Daten, deren Weitergabe nicht unter § 203 StGB fällt – sei es, daß die forschenden Personen nicht zum Kreis der Normadressaten gehören[18] oder daß die Daten nicht aus der geschützten Sonderbeziehung Arzt – Patient stammen[19], sind die **Datenschutzgesetze** heranzuziehen. (Die hier erfolgende Erörterung beschränkt sich auf die Bestimmungen des Bundesdatenschutzgesetzes, weil es mit seinem Geltungsbereich für die nicht-öffentlichen Stellen, soweit sie Daten in oder aus Dateien zu kommerziellen Zwecken verarbeiten oder nutzen (§ 1 Abs. 2 Nr. 3 BDSG), für die Mehrzahl der Forschungsvorhaben der vom Autor betreuten Ethik-Kommission einschlägig ist.)

Im wesentlichen sind hier die durch die BDSG-Novelle von 1990 im Interesse der Durchführbarkeit der wissenschaftlichen Forschung eingeführten Regelungen zu betrachten[20]:

- § 14 Abs. 2 Nr. 9 für die Datenverarbeitung durch *öffentliche Stellen* und

- § 28 Abs. 1 Satz 1 Nr. 4 (für die Eigenforschung der datenspeichernden Stelle) und Abs. 2 Nr. 2 (für andere als die primär speichernden Forschungseinrichtungen) für die Datenverarbeitung durch *nicht-öffentliche Stellen.*

- Zur erstgenannten Regelung für die Eigenforschung der datenspeichernden Stelle: Es handelt sich hierbei um eine der vier Zulässigkeitsalternativen für das Speichern, Verändern, Übermitteln oder Nutzen personenbezogener Daten für die Erfüllung eigener Geschäftszwecke[21]. Materiell ist hier zunächst die Prüfung gefordert, ob der Forschungszweck nicht auch auf andere Weise erreicht werden kann, z. B. durch Verwendung von anonymisierten Daten, und dann eine Abwägung zwischen dem Forschungsinteresse und dem Persönlichkeitsrecht des Datenherren.

---

[18] z.B. Pharmareferenten als Monitore klinischer Prüfungen - Lippert, Der Monitor im Rahmen klinischer Prüfungen MedR 11 (1993), 17

[19] z.B. aus Strafverfahrensakten psychiatrisch auffälliger Täter – Duttge, Was bleibt noch von der Wissenschaftsfreiheit ? Zur Hypertrophie des Datenschutzes NJW 1998, 1615

[20] Gola / Schomerus (Fn. 2), § 40 Anm. 1

[21] Die anderen Zulässigkeitsalternativen sind „bestehende Vertragsbeziehung" (§ 28 Abs. 1 Satz 1 Nr. 1 BDSG), „Wahrung berechtigter Interessen" (§ 28 Abs. 1 Satz 1 Nr. 2 BDSG) und „Entnahme der Daten aus allgemein zugänglichen Quellen" (§ 28 Abs. 1 Satz 1 Nr. 3 BDSG).

- § 40, der eigentliche Forschungsparagraph der BDSG-Novelle von 1990, der mit dem Anspruch formuliert wurde, den gebotenen Ausgleich zwischen den im Interesse der Allgemeinheit liegenden Erfordernissen der Forschung und dem verfassungsrechtlich verbürgten Schutz des Einzelnen herzustellen. Er enthält den Grundsatz der Zweckbindung von Daten, die zu Forschungszwecken erhoben worden sind (Abs. 1) und die Vorschrift der Trennung der beforschten Daten von personenidentifizierenden Merkmalen. Letztere sind zum frühestmöglichen Zeitpunkt zu löschen; damit ist dann die Anonymisierung der Daten im Sinne des Bundesdatenschutzgesetzes eingetreten (Abs. 3). Schließlich enthält Abs. 4 noch eine Sonderbestimmung über die Veröffentlichung der personenbezogenen Daten, die nur mit Einwilligung des Betroffenen zulässig ist.

Die Kritik der medizinischen Forschung am Bundesdatenschutzgesetz ist nach der Novelle 1990 leiser geworden, wobei offen bleiben muß, ob dies darauf zurückzuführen ist, daß die Forschungserleichterungen von der scientific community als solche akzeptiert worden sind, oder – wie Bochnik, einer der pointiertesten Kritiker aus dem medizinischen Bereich, meint, weil Forschungsthemen, die zu Problemen mit dem Datenschutz führen können, von den Wissenschaftlern gar nicht mehr angegangen werden. Bochnik fordert die gesetzliche Einführung eines medizinischen Forschungsgeheimnisses, das im gleichen Rang wie die ärztliche Schweigepflicht stehen soll. Diese soll nach Prüfung und Anerkennung des Forschungsvorhabens durch eine Ethikkommission für eine Gruppe von persönlich für ein bestimmtes Forschungsvorhaben benannten Forschungsbeteiligten untereinander aufgehoben sein[22].

Diese Forderung erhebt auch die Arbeitsgemeinschaft Wissenschaftlicher Medizinischer Fachgesellschaften (AWMF)[23] im Hinblick auf die Umsetzung der EU-Datenschutzrichtlinie[24], die bis zum 24. Oktober 1998 hätte erfolgen müssen.

---

[22] Bochnik, Ein „medizinisches Forschungsgeheimnis" im Datenschutzgesetz könnte deutsche Forschungsblockaden beseitigen. MedR 12 (1994), 398. a. A. Weichert, Datenschutz und medizinische Forschung – was nützt ein „ medizinisches Forschungsgeheimnis" ? MedR 14 (1996), 258. Erwiderung Bochnik, Bestehen Datenschützer auf Forschungsblockaden ? MedR 14 (1996), 262. – Der Verf. ist mit Weichert der Auffassung, daß angesichts des Vorranges der strafrechtlichen Schweigepflicht ein medizinisches Forschungsgeheimnis im Datenschutzgesetz „kein rechtlicher Gewinn" wäre. Anders wäre eine strafrechtliche Ausnahmevorschrift wie im schweizerischen Recht (Fn. 14) zu beurteilen.

[23] Resolution der Delegiertenkonferenz der AWMF am 9. Mai 1998 in Frankfurt am Main zum Datenschutzgesetz – Medizinisches Forschungsgeheimnis. Presseinformation Thema Medizin Nr. 5/98 (Internet: http://www.uni-duesseldorf.de/WWW/AWMF/pr/pi-9805.htm)

[24] Richtlinie 95/46/EG des Europäischen Parlaments und des Rates vom 24. Oktober 1995 zum Schutz natürlicher Personen bei der Verarbeitung personenbezogener Daten und

Diese Richtlinie beunruhigt die epidemiologische medizinische Forschung stark[25], denn sie enthält in Art. 8 Abs. 1 ein grundsätzliches Verbot der Verarbeitung von Daten über Gesundheit und Sexualleben, von dem allerdings ausgenommen ist „die Verarbeitung der Daten zum Zweck der Gesundheitsvorsorge, der medizinischen Diagnostik, der Gesundheitsversorgung oder Behandlung oder für die Verwaltung von Gesundheitsdiensten" (Art. 8 Abs. 3). Andererseits attestiert Deutsch[26] der Richtlinie, sie gehe in die richtige Richtung, da für die Forschung die ausdrückliche – nicht notwendigerweise schriftliche - Zustimmung genüge und dem Probanden nicht mitgeteilt zu werden brauche, daß seine Daten gesammelt werden, wenn es sich um wissenschaftliche Forschung handelt und die Mitteilung unmöglich oder mit erheblichen Kosten verbunden ist.

V) Ethikkommissionen

Soweit die bislang referierten Regelungen bzw. Regelungsvorschläge eine Abwägungsentscheidung zwischen dem Interesse des Patienten / Probanden am Schutz seiner Individualsphäre und dem Interesse des – zum allgemeinen Nutzen - forschenden Arztes zulassen bzw. fordern, wird diese überwiegend Kommissionen zugewiesen. Deshalb soll noch kurz die Historie der Ethik-Kommissionen erwähnt werden und ein Blick auf deren gegenwärtige Rolle beim Schutz der Probanden / Patienten und deren Daten geworfen werden:

Das tragende Motiv für die Errichtung von Ethik-Kommissionen durch Landesärztekammern und medizinische Fakultäten seit Mitte der 80er-Jahre war es, dem forschenden Arzt einen kompetenten Rat zu geben bei der Abwägungsentscheidung zwischen dem Risiko, das dem Patienten / Probanden durch die Forschungstätigkeit zugemutet wird, und der Bedeutung der Erkenntnisse für die Allgemeinheit[27]. Das erste und wichtigste Fundament für die Tätigkeit der Ethik-Kommissionen ist die Deklaration von Helsinki des Weltärztebundes – ursprünglich aus dem Jahr 1964 stammend, 1975 grundlegend revidiert und seither noch mehrfach, zuletzt 1996 von der 48. Generalversammlung des Weltärztebundes in Somerset West, verändert[28]. Diese Deklaration

---

zum freien Datenverkehr. Amtsblatt Nr. L 281 vom 23.11.1995 S. 31 (Internet: http://europa.eu.int/eur-lex/de/lif/dat/de_395L0046.html)

[25] von Ferber, Arzneimittelforschung nicht ohne personenbezogene Daten FAZ Nr. 232 vom 7. Okt. 1998, S. 11

[26] Deutsch, Medizinrecht, 3. Aufl. 1997 Rz. 362

[27] Grundlegend: Toellner, Problemgeschichte: Entstehung der Ethik-Kommissionen in Toellner (Hrsg.), Die Ethik-Kommissionen in der Medizin 1990, S. 3

[28] Deklaration von Helsinki – Empfehlungen für Ärzte, die in der biomedizinischen Forschung am Menschen tätig sind DÄBl 88 (1991) S. C-2477 (auf dem Stand der vorletzten Revision) bzw. INTERNET: http://www.bundesaerztekammer.de/bak/-owa/idms (auf dem aktuellen Stand)

befaßt sich nicht mit der Frage des Datenschutzes – sie hat sozusagen handfestere Schutzziele. Gleichwohl enthielt die berufsrechtliche Norm, die den Arzt verpflichtete, sich von der Ethik-Kommission beraten zu lassen, von Haus aus zwei Konsultationsanlässe, den klinischen Versuch am Menschen und die epidemiologische Forschung mit personenbezogenen Daten[29]:

„Der Arzt soll vor der Durchführung klinischer Versuche am Menschen .... oder der epidemiologischen Forschung mit personenbezogenen Daten eine bei der Kammer oder bei einer medizinischen Fakultät gebildete Ethik-Kommission anrufen, um sich über die mit seinem Vorhaben verbundenen berufsethischen und berufsrechtlichen Fragen beraten zu lassen."

Der überwiegende Anteil der Protokolle klinischer Versuche am Menschen, die Ethik-Kommissionen vorgelegt werden, betrifft die klinische Prüfung von Arzneimitteln – seit 1995 ist die zustimmende Bewertung der zuständigen, nach Landesrecht errichteten Ethikkommission auch nach dem Arzneimittelrecht erforderlich[30] –, in wesentlich geringerem Ausmaß die klinische Prüfung von Medizinprodukten – im Medizinproduktegesetz[31] ähnlich wie im AMG geregelt.

Auch bei der Bewertung von Arzneimittelversuchsprotokollen kommt der Ethik-Kommission neben anderen Kontrollpflichten eine Datenschutzfunktion zu:

Als eine der Voraussetzungen für eine zustimmende Bewertung durch die Ethik-Kommission nennt § 40 Abs. 1 Satz 1 Nr. 2 AMG[32], daß der Patient / Proband um seine Einwilligung zur Aufzeichnung seiner Daten und zur Einsichtnahme des Auftraggebers und der Aufsichtsbehörde gebeten wird.

Ein Schattendasein in der Praxis der Ethikkommissionen führt der beim Thema „Datenschutz" relevantere zweite Konsultationsanlaß, die epidemiologische

---

[29] § 1 Abs. 4 der Berufsordnung für die deutschen Ärzte (Fn. 7). Die „Soll"-Vorschrift wurde vom 91. Deutschen Ärztetag 1988 in eine „Muß"-Vorschrift geändert (Stenografischer Wortbericht des 91. DÄT S. 76, 82 ff., B6). Der dritte verpflichtende Konsultationsanlaß, die „Forschung mit vitalen menschlichen Gameten und lebendem embryonalen Gewebe" soll hier wegen seiner speziellen, außerhalb des Themas liegenden Problematik außer Acht bleiben.

[30] Fünftes Gesetz zur Änderung des Arzneimittelgesetzes vom 9. August 1994 (BGBl. I S. 2071)

[31] § 17 ff. des Gesetzes über Medizinprodukte vom 2. August 1994 (BGBl. I S. 1963)

[32] jüngst durch das Achte Gesetz zur Änderung des Arzneimittelgesetzes vom 7. September 1998 (BGBl. I S. 2649) geändert mit der Intention, zwischen dem (durch die Einwilligungserklärung des Patienten / Probanden eingeräumten) Recht der Vertreter des Auftraggebers und der Aufsichtsbehörden auf **Einsichtnahme** in die Originaldaten vor Ort und dem Recht auf **Weitergabe** der nicht-personenbezogenen Daten an den Auftaggeber und die Überwachungsbehörden zu unterscheiden (BR-Drs. 13/9996, Begründung zu Nr. 22 des Gesetzentwurfes der Bundesregierung).

Forschung mit personenbezogenen Daten[33]. Das dürfte mit dazu beigetragen haben, daß bei der letzten Novellierung der Muster-Berufsordnung 1997 dieser Konsultationsanlaß entfallen ist. Die entsprechende Bestimmung des § 15 Abs. 1 Satz 1 der Muster-Berufsordnung[34] lautet – in Übernahme der Terminologie der Helsinki-Deklaration -:

„Der Arzt muß sich vor der Durchführung biomedizinischer Forschung am Menschen – ausgenommen bei ausschließlich epidemiologischen Forschungsvorhaben – durch eine bei der Kammer oder bei einer medizinischen Fakultät gebildete Ethik-Kommission über die mit seinem Vorhaben verbundenen berufsethischen und berufsrechtlichen Fragen beraten lassen.“

Diese Bestimmung ignoriert völlig die Aufgabe der Ethik-Kommissionen bei der Güterabwägung zwischen informationellem Selbstbestimmungsrecht des Patienten bzw. Probanden und (ärztlichem) Forschungsinteresse im Dienste der Allgemeinheit. In das bayerische ärztliche Berufsrecht und dasjenige einiger anderer Landesärztekammern ist der „abgemagerte“ Wortlaut der Bestimmung der Muster-Berufsordnung auch nicht übernommen worden – hier ist es bei der alten Formulierung geblieben[35].

Der Auftrag der Ethik-Kommission bei epidemiologischen Studien erschöpft sich nicht im Abprüfen datenschutzrechtlicher Vorschriften. Es würde zu weit gehen, in diesem Rahmen das in Deutschland noch verhältnismäßig wenig diskutierte Thema „Ethik in der Epidemiologie“ auszubreiten[36]. Deshalb an dieser Stelle nur ein Schlaglicht:

Die Ethik-Kommission der Bayerischen Landesärztekammer unter dem Vorsitz von Prof. Dr. Hans-Bernhard Wuermeling hat mehrfach mit epidemiologischen Forschern kritisch die möglichen Rückwirkungen auf das familiäre Umfeld der

---

[33] zu den Zahlenverhältnissen bei der Ethik-Kommission der Bayer. Landesärztekammer, der mitgliederstärksten Landesärztekammer, siehe den jeweils im Septemberheft des Bayer. Ärzteblattes veröffentlichten Geschäftsbericht. Auf Bundesebene kumulierte Zahlen gibt es nach Kenntnis des Verf. nicht.

[34] siehe Fn. 3

[35] mit Ausnahme der Änderung vom Partizip „personenbezogenen“ auf das abgeleitete Adjektiv „personenbeziehbare“ (Daten), die den eigentlich beratungswürdigen Umstand klarer zum Ausdruck bringen soll, nämlich die Möglichkeit, die Daten im Verlauf der wissenschaftlichen Auswertung wieder auf die Person zu beziehen im Gegensatz zu dem beim ärztlichen Erstkontakt notwendigerweise bestehenden Personenbezug der Daten. § 15 Abs. 1 Satz 1 der Berufsordnung für die Ärzte Bayerns vom 12. Oktober 1997 (BÄBl 52 (1997), Nr. 11, Einheftung nach S. 372) lautet mithin: „Der Arzt muß sich vor der Durchführung klinischer Versuche am Menschen oder der epidemiologischen Forschung mit personenbeziehbaren Daten durch eine bei der Kammer oder bei einer medizinischen Fakultät gebildete Ethik-Kommission über die mit seinem Vorhaben verbundenen berufsethischen und berufsrechtlichen Fragen beraten lassen.“

[36] Grundlegend: Sass, Ethik in der Epidemiologie, Gesundh.-Wes. 55 (1993), 119

Probanden erörtert, die bei Studien mit genetischem Hintergrund alleine schon bei der Bitte um Teilnahme an der Studie auftreten können, wenn dabei geoffenbart werden könnte oder müßte, daß der soziale Vater nicht der genetische Vater ist.

VI) Fazit

Schutz der Persönlichkeitsrechte des Patienten und Sicherung des Vertrauensverhältnisses zwischen Arzt und Patient einerseits – Forschungsfreiheit im Interesse künftig verbesserter medizinischer Versorgung andererseits – diesen Interessen will gleichzeitig entsprochen sein. Professor Schreiber hat es auf dem Deutschen Ärztetag 1989 klar gesagt: „Bruchlos und ohne Präferenzentscheidungen, die notwendig Einschränkungen für das eine oder andere Prinzip mit sich bringen, geht das nicht."[37]

[37] Fn. 6 S. 183 f.

Die Sicherung von „Good Scientific Practice“ und die Sanktionierung von Fehlverhalten

mit Erläuterungen zur Freiburger „Selbstkontrolle in der Wissenschaft„

Albin Eser

I.

„Wo Licht ist, ist auch Schatten“. An diese Allerweltsweisheit fühlt man sich erinnert, wenn man einerseits über „good scientific practice“ und andererseits über die Sanktionierung von möglichem Fehlverhalten sprechen soll. Während es in den vorangegangenen Beiträgen mehr um die lichtvollen Seiten von Wissenschaft und Forschung geht, müssen hier auch gewisse Schattenseiten zur Sprache kommen.

Ich möchte die mir gestellte Aufgabe in vier Schritten angehen: Zur Einführung in die Problematik sei der Fall Herrmann/Brach in Erinnerung gerufen, weil sich daran relevante Defizite aufzeigen lassen (II.). Anschließend ist über erste institutionelle Schritte zu berichten, die man zunächst lediglich reaktiv zum Umgang mit Fehlverhalten und neuerdings präventiv zur Sicherung guter wissenschaftlicher Praxis unternommen hat (III.). Wie sich das schließlich konkret niedergeschlagen hat, sei abschließend anhand eines Regelwerks demonstriert, mit dem sich vor kurzem die Universität Freiburg sowohl „Richtlinien zur Sicherung guter wissenschaftlicher Praxis“ (IV.) als auch „Regeln für den Umgang mit wissenschaftlichem Fehlverhalten“ (V.) gegeben hat.[1]

Wenn ich mir noch eine persönliche Vorbemerkung erlauben darf, so ist es die Bitte um Verständnis für eine nicht ganz einfache Gratwanderung, zu der ich bei diesem Beitrag gezwungen bin: Auf der einen Seite konnte ich in meiner Eigenschaft als Mitglied und teils auch Vorsitzender von Gremien, die sich mit der Entwicklung von einschlägigen Regeln oder der Aufklärung von konkreten

---

[1] *Albert-Ludwigs-Universität Freiburg*: „Selbstkontrolle in der Wissenschaft„ Senatsbeschluß vom 16. Dezember 1998, veröffentlicht in: Amtliche Bekanntmachungen der Albert-Ludwigs-Universität Freiburg i.Br., Jahrgang 30 Nr. 1 vom 25.1.1999, S. 1-17; auch unten im Anhang abgedruckt.

Fehlverhaltensfällen zu befassen hatten, Kenntnis von vielen, noch nicht allgemein bekannten Einzelheiten erlangen. Auf der anderen Seite gilt es im Interesse von Betroffenen die Grundsätze der Vertraulichkeit zu wahren. Da ich meine Aufgabe darin sehe, angesichts der neuerdings gemachten Erfahrungen, die sowohl Mängel in der Praxis wissenschaftlicher Redlichkeit als auch Unsicherheit im Umgang mit Fehlverhalten erkennen ließen, einen Beitrag zu einer Verbesserung der Selbstkontrolle in der Wissenschaft zu leisten, werde ich zwar einerseits nicht umhin können, bestimmte Defizite anhand konkreter Erfahrungen zu exemplifizieren, mich aber dabei auf Fakten beschränken, von denen ich annehme, daß sie aufgrund von anderweitigen Veröffentlichungen oder Bekanntgaben ohnehin nicht mehr als vertraulich betrachtet werden können.

II.

Wesentlicher Auslöser der gegenwärtigen Diskussionen war der im Frühjahr 1997 durch die Presse verbreitete Verdacht, daß der seinerzeit an der Medizinischen Fakultät der Universität Ulm tätige Professor F.H. und die seinerzeit an der Universität Lübeck tätige Professorin M.B. maßgeblich an Veröffentlichungen beteiligt gewesen seien, in denen es zu Manipulationen von Daten gekommen sein müsse. Da die beiden zuvor am Max-Delbrück-Centrum Berlin tätig gewesen waren und F.H. zudem als Professor der Humboldt-Universität angehörte, und da außerdem Forschungsgelder verschiedener Förderorganisationen, darunter namentlich der Deutschen Forschungsgemeinschaft und der Fritz Thyssen Stiftung mit im Spiel waren, beschlossen die betroffenen Institutionen die Einberufung einer – später sogenannten – „Gemeinsamen Untersuchungskommission zur Aufklärung der Vorwürfe wissenschaftlicher Fälschungen", die aus Vertretern der beteiligten Institutionen zusammengesetzt und durch Experten ergänzt war, die sich – wie im Fall meiner Berufung in diese Kommission - unter anderem bereits mit Fehlverhalten in der Wissenschaft beschäftigt hatten.

Bereits bei der ersten Sitzung dieser Gemeinsamen Kommission Anfang Juni 1997 in Bonn, wo es auf der Grundlage von wissenschaftlichen Überprüfungen um die Bestätigung oder die Ausräumung des Fälschungsverdachts und um die Anhörung der Betroffenen gehen sollte, wurde die Unsicherheit des Bodens, auf denen derartige Kommissionen arbeiten sollen, sichtbar. Da es bislang an einer ausdrücklichen Rechtsgrundlage fehlt, konnte sich die Kommission nur auf freiwilliger Grundlage im Sinne einer Arbeitsgemeinschaft der beteiligten Institutionen konstituieren; und da ihr keinerlei rechtliche Ermittlungsbefugnisse eingeräumt waren, war sie völlig auf die freiwillige Kooperation der Betroffenen angewiesen. Auf dieser konsensualen Basis waren zwar zwei Mitarbeiter der Hauptbetroffenen F.H. und M.B. zu einer Anhörung bereit, nicht aber diese selbst, die sich statt dessen nur mittels Anwalt schriftlich bzw. mündlich auf das Verfahren einließen.

In der Sache selbst bestand die größte Überraschung darin, daß sich nicht nur bei den zunächst genannten vier Publikationen der Fälschungsverdacht verdichtete, sondern daß aufgrund von zwischenzeitlichen Recherchen weitere 29 und damit insgesamt 33 Publikationen, an denen F.H. und/oder M.B. als Mitautoren (und zwar vorwiegend als maßgebliche Erst- bzw. Letztautoren) beteiligt waren, als mehr oder weniger mit Manipulationen behaftet erschienen. Als noch gravierender kam hinzu, daß das englischsprachige Forschungsdesign eines niederländischen Antragstellers, über das F.H. als Gutachter mitzubefinden hatte, in nur unwesentlich veränderter deutscher Übersetzung unter Antragstellung von F.H. und M.B. einer deutschen Fördergesellschaft vorgelegt und von dieser mit einem nicht unbeträchtlichen Betrag bewilligt worden war. Während von M.B. sowie mitbeteiligten Mitarbeitern jedenfalls ein Teil der Manipulationen eingeräumt wurde, bleibt hinsichtlich F.H. darauf hinzuweisen, daß er – trotz erdrückender belastender Indizien – meines Wissens bislang jede Mitbeteiligung an oder Mitwisserschaft von Manipulationen bestreitet. Desungeachtet bleibt festzuhalten, daß die Gemeinsame Kommission in ihrem am 4. August 1997 den beteiligten Institutionen vorgelegten Bericht zu dem Ergebnis kam, daß 35 Publikationen unter hohem Fälschungsverdacht stehen. Obwohl von seiten der Presse darauf gedrängt wurde, die Liste der betroffenen Publikationen herauszugeben, sah sich die Gemeinsame Kommission dazu nicht in der Lage, was wiederum ein Defizit der gegenwärtigen Situation offenbart: Obgleich das öffentliche Interesse und dabei insbesondere das der Scientific Community an der Identifizierung fälschungsbehafteter Veröffentlichungen nicht zu leugnen ist, erschien es der Gemeinsamen Kommission als zu riskant, durch die Auflistung fälschungsbehafteter Veröffentlichungen zugleich auch die Namen von Mitautoren, die sich möglicherweise kein Fehlverhalten vorwerfen lassen zu brauchen, bekanntzugeben und sie damit der Gefahr von wissenschaftlichen Reputationseinbußen auszusetzen. Wenn sich daher die Gemeinsame Kommission nicht zu einer Herausgabe der Veröffentlichungsliste bereit finden konnte, so wollte sie dies nicht als Dauerlösung dieses Problems verstanden wissen – ganz abgesehen davon, daß die sensible Liste schließlich doch bis zur Presse durchsickerte. Vielmehr ist diese Publizierungsfrage ein Punkt, der unter dem gegebenen Zeitdruck nicht anders lösbar erschien, aber jedenfalls für die Zukunft nicht zuletzt im Interesse größerer Vertrauenswürdigkeit der Wissenschaft öffentlichkeitsfreundlicher zu gestalten wäre.

Eine weitere Dimension erfuhr der ursprüngliche Fall F.H./M.B. durch die Feststellung, daß von den damals als fälschungsverdächtig angesehenen 33 Publikationen der überwiegende Teil während der Tätigkeit von F.H. und M.B. an der Universität Freiburg (1988-1993) entstanden war, wobei in 14 Arbeiten Professor R.M. als Direktor der zuständigen Klinikabteilung als Mitautor aufgeführt war. Nachdem dieses Faktum ebenfalls in der Öffentlichkeit bekanntgeworden war und zudem auch das zuständige Wissenschaftsministerium um weitere Aufklärung bat, hatte sich zunächst die Medizinische Fakultät veranlaßt gesehen, eine eigene fakultätsinterne Kommission mit der Sache zu befassen. Demgegenüber erschien es aber dem Rektor der Universität Freiburg für geboten, auf Universitätsebene eine Kommission einzusetzen, die paritätisch mit drei Mitgliedern der Freiburger Medizinischen Fakultät und drei externen Wissenschaftlern besetzt sein und unter der Leitung eines Juristen stehen sollte, wobei diese Funktion mir übertragen wurde.

Von den dabei gemachten Erfahrungen erscheinen mir im Hinblick auf die künftige Gestaltung von derartigen Kommissionen folgende Punkte erwähnenswert: Da es um das Verhalten von Fakultätskollegen geht, ist ein neutrales Element in Form von externen Kommissionsmitgliedern unverzichtbar. Da die zu treffenden Feststellungen rechtliche Konsequenzen haben können und davon Betroffene sich zur Beiziehung anwaltlichen Beistands veranlaßt sehen könnten, sollte mindestens ein Kommissionsmitglied, sofern nicht ohnehin den Vorsitz führend, juristische Erfahrung haben; dies gilt um so mehr, je weniger bereits etablierte Verfahrensweisen und schriftliche Regeln vorhanden sind und je mehr deshalb auf allgemeine Verfahrensgrundsätze zurückzugreifen ist. Da bislang gesetzliche Grundlagen fehlen und daher weder der Betroffene noch mögliche Auskunftspersonen zu irgend etwas verpflichtet, geschweige gezwungen werden können, sind Untersuchungskommissionen gänzlich auf freiwillige Mitwirkung angewiesen; demzufolge können und wollen ihre Feststellungen weder volle Erfassung noch Endgültigkeit in Anspruch nehmen. Um so mehr muß verwundern, wenn staatliche Verfolgungsorgane ihre eigene Ermittlungstätigkeit von den begrenzten Möglichkeiten einer freiwilligen Untersuchungskommission abhängig machen und selbst dort keinen Anlaß zu weitergehenden Ermittlungen sehen, wo sich aus Untersuchungsberichten dahingehende Ansatzpunkte entnehmen ließen.

In der Sache selbst konnte die Freiburger Rektorkommission die Befunde der Gemeinsamen Kommission nicht nur vollauf bestätigen, sondern mußte sie sogar noch ergänzen.[2] Danach wurden für den untersuchten Veröffentlichungszeitraum von 1988 bis 1993 insgesamt 47 fälschungsverdächtige Publikationen identifiziert, von denen 28 in Freiburg entstanden waren. Von den darin genannten Mitautoren sind – neben dem mit 25 Arbeiten vertretenen Abteilungsleiter R.M. – weitere 7 derzeit in Freiburg tätige Wissenschaftler mit insgesamt 34 Nennungen als Mitautoren aufgeführt.

Weil aufschlußreich für die Art möglichen Fehlverhaltens und dementsprechend wichtig für die Prävention, seien kurz die vier Formen von Verantwortlichkeit genannt, zu denen die Freiburger Rektorkommission Ermittlungen angestellt und Feststellungen getroffen hat:

---

[2] Vgl. Presse-Information der Albert-Ludwigs-Universität Freiburg vom 27.8.1997.

- Aktive Mitbeteiligung an Fälschungen: eine solche konnte bei derzeit an der Universität Freiburg tätigen Wissenschaftlern in keinem Fall festgestellt werden.

- Mitwisserschaft von Fälschungen: trotz deren ungewöhnlichen Ausmaßes war auch dies nicht zweifelsfrei nachzuweisen.

- Mitautorschaft: auch ohne an einer Fälschung selbst mitgewirkt oder davon gewußt zu haben, kann sich aus Mitautorschaft eine Mitverantwortung ergeben. Dies war nicht in allen Fällen auszuschließen, wobei insbesondere bloße „Ehrenautorschaft“ (nämlich durch Nennung als Mitautor, ohne überhaupt einen Beitrag zur Veröffentlichung geleistet, ja – wie im Fall R.M. – 10 von 25 Arbeiten weder gesehen noch gelesen zu haben) als wissenschaftlich nicht vertretbar angesehen wurde.

- Mitverantwortung als Leiter einer Forschungseinheit: eine solche war im Sinne eines Einstehens für Versäumnisse an den in dem betreffenden Forschungsbereich geschehenen Fälschungen festzustellen.

Was die Reaktion von betroffenen Personen und Instanzen auf den Kommissionsbericht betrifft, so erscheinen folgende Beobachtungen bemerkenswert:

- Soweit seitens von R.M. und der Medizinischen Fakultät öffentliche Erklärungen abgegeben wurden, hat man einerseits mit verständlicher Erleichterung die Verneinung aktiver Mitbeteiligung an Fälschungen begrüßt und andererseits Mitverantwortung aus Mitautorschaft und der Stellung als Forschungsleiter eingeräumt, sich jedoch auffälligerweise jeglicher Äußerung hinsichtlich möglicher Mitwisserschaft an Fälschungen durch andere enthalten – und dies, obgleich der Bericht hatte erkennen lassen, wie schwer die Kommission nachzuvollziehen vermochte, daß trotz des ungewöhnlichen Ausmaßes von Verfälschungen keiner im Umkreis der Hauptverdächtigen etwas bemerkt haben will.

- Immerhin ist die Medizinische Fakultät in zweifacher Hinsicht aktiv geworden: zum einen durch Einrichtung einer Kommission, die sich mit den Habilitationen von zwei tangierten Wissenschaftlern zu befassen hat, und zum anderen durch Einrichtung einer Kommission, die im Sinne künftiger Prävention – inzwischen bereits vorliegende – Richtlinien zur Sicherung guter wissenschaftlicher Praxis zu entwickeln hatte.[3]

- Soweit es um die von der Freiburger Rektorkommission ausgesprochene Erwartung des Rückzugs betroffener Publikationsorgane geht, ist bislang weder

[3] Bericht und Empfehlungen der Kommission „Verantwortung in der Forschung„ der Medizinischen Fakultät der Albert-Ludwigs-Universität Freiburg vom Januar 1998.

ein entschlossenes Bemühen seitens der Betroffenen noch ein darauf hinwirkendes Insistieren seitens der Fakultät zu bemerken. Das nun einmal Geschehene auf sich beruhen zu lassen, scheint freilich auch die Politik bei nicht wenigen der von Fälschungen betroffenen Publikationsorgane zu sein, steht man doch dort der Rückziehung von betroffenen Beiträgen offenbar mit großer Reserve gegenüber.[4]

Auch wenn der vorgenannte Fall besonders spektakulär war, so war er doch auch hierzulande bislang weder der einzige noch der erste, sind doch auch schon in früheren Jahren immer wieder Fälle wissenschaftlichen Fehlverhaltens bekanntgeworden.[5] Gleichwohl war in Deutschland eine gewisse Selbstgefälligkeit nicht zu übersehen: Was in den USA offenbar keine Seltenheit mehr war, aber durchaus mit den dortigen Gepflogenheiten der Wissenschaftsorganisation und Forschungsförderung erklärbar erschien und wovon vielleicht auch manche europäischen Länder nicht verschont blieben, meinte man für Deutschland ausschließen zu können; und selbst wenn es einmal vorkommen sollte, wäre es doch besser, „keine schlafenden Hunde zu wecken".[6] Doch spätestens mit dem Fall F.H./M.H. – zumal nahezu zeitgleich der Fall G. eines früheren MPG-Mitarbeiters bekannt wurde - war die Zeit für weitere Blauäugigkeit vorbei: Es mußte seitens der wissenschaftlichen Institutionen etwas unternommen werden, um sowohl auf eingetretenes Fehlverhalten zu reagieren als auch künftigem Fehlverhalten vorzubeugen.[7]

III.

Wenn nunmehr kurz über institutionelle Bemühungen um die Schaffung von Richtlinien zu berichten ist, so fällt das unterschiedliche Engagement des universitären Wissenschaftssystems einerseits und von außeruniversitären Einrichtungen andererseits ins Auge: Während es bei den Universitäten praktisch erst der spektakulären Vorkommnisse der jüngsten Zeit bedurfte, um aus verbreiteter Desinteressiertheit aufgerüttelt zu werden, war man sich im

---

[4] Vgl. *H. Wormer*, Langsame Selbstreinigung der Wissenschaft. Ein Jahr nach Bekanntwerden umfangreicher Fälschungen in der Krebsforschung sind erst wenige Arbeiten annulliert, in: Süddeutsche Zeitung vom 20.5.1998.

[5] Vgl. im einzelnen *A. Eser*, Misrepresentation of Data and Other Misconduct in Science: The German View and Experience, in: D. Cheney (ed.), Ethical Issues in Research, Frederick/Maryland 1993, S. 73-85, 75 ff., *St. Stegemann-Boehl*, Fehlverhalten von Forschern. Eine Untersuchung am Beispiel der biomedizinischen Forschung im Rechtsvergleich USA-Deutschland, Stuttgart 1994, insbes. 1 ff., 74 ff.

[6] Vgl. zu dieser weitverbreiteten Einstellung bereits *A. Eser*, „Betrug„ in der Wissenschaft? Einige prophylaktische Überlegungen, in: MPG-Spiegel 5/96, S. 2-3.

[7] Vgl. *A. Eser*, Hat die Forschung ihre Unschuld verloren? Vertrauensvorschuß erfordert wirskame Vorkehr gegen Betrug, in: FOCUS 24/1997, S. 142.

außeruniversitären Bereich schon seit Anfang der 90er Jahre der Fälschungsproblematik bewußt und um Vorsorge bemüht.

Als wohl erste Institution, die hier aktiv geworden war, ist die Deutsche Forschungsgemeinschaft zu nennen: Alarmiert durch Fälschungsvorgänge in den USA und in Sorge, daß sich gleiches auch in Deutschland ereignen könnte und man rechtzeitig darauf vorbereitet sein sollte, wurde ich vom damaligen DFG-Präsidenten *Markl* mit der Aufgabe betraut, unter Berücksichtigung amerikanischer Erfahrungen die Verfahrensregeln der DFG so zu gestalten und erforderlichenfalls so zu ergänzen, daß Manipulationen vorgebeugt ist und im Verfehlungsfall Verfahrensregeln für den Umgang damit zur Verfügung stehen. Dies ist – unter Vermeidung des selbst in den USA von manchen als problematisch angesehenen „bureaucratic overkill" – Anfang der 90er Jahre geschehen. In danach aufgetretenen Verdachtsfällen wurden diese Regeln als ausreichend befunden.[8]

Auch als nachmaliger Präsident der Max-Planck-Gesellschaft hat *Markl*, ohne sich zum damaligen Zeitpunkt durch den erst später aufgetretenen Fall G. dazu veranlaßt zu sehen, darauf hingewirkt, daß sich die MPG Regeln für den Umgang mit wissenschaftlichem Fehlverhalten gab. Obgleich wir dabei in unserer Arbeitsgruppe auf die bereits vorangegangenen DFG-Regeln zurückgreifen konnten, blieb ein wichtiger Unterschied zu beachten: Während Wissenschaftler, die sich als Antragsteller oder Gutachter unredlich oder gar kriminell verhalten, in keinem Anstellungsverhältnis zur DFG stehen und daher das Dienstrecht kaum eine Rolle spielt, steht dieses im Verhältnis von MPG-Wissenschaftlern zu ihrer Gesellschaft im Zentrum. Dementsprechend bedürfen auch die Verfahrensregeln und etwaige Sanktionen einer unterschiedlichen Ausgestaltung. Demzufolge ließ sich die Verfahrensordnung der MPG, wie sie schließlich durch Senatsbeschluß vom 14.11.1997 verabschiedet wurde, in einem in sich geschlossenen Regelwerk (mit ergänzenden Anlagen) erfassen,[9] während die einschlägigen DFG-Vorschriften in die jeweiligen Beantragungs- und Bewilligungsregeln einzuarbeiten waren. Auch die MPG-Regeln hatten übrigens bereits in einem Kölner Fall ihre erste Bewährungsprobe zu bestehen.

Hatten sich bis dahin die Regelungsbemühungen auf außeruniversitäre Forschungseinrichtungen beschränkt, so mußten spätestens mit dem spektakulären Fälschungskomplex von 1997 auch die Universitäten aktiv werden, nachdem

---

[8] So die Feststellung des seinerzeitigen DFG-Präsidenten *W. Frühwald*, Von Täuschung und Fälschung in der Wissenschaft, in: forschung – Mitteilungen der DFG 2-3/95, S. 3, 30 f.

[9] *Max-Planck-Gesellschaft:* Verfahren bei Verdacht von wissenschaftlichem Fehlverhalten. Verfahrensordnung mit Anlage 1: Katalog von Verhaltensweisen, die als Fehlverhalten anzusehen sind, und Anlage 2: Katalog möglicher Sanktionen bzw. Konsequenzen bei wissenschaftlichem Fehlverhalten.

nunmehr ihr eigenes Forschungspersonal betroffen war. Allerdings bedurfte es selbst dann noch eines gewissen äußeren Nachdrucks: Nachdem die Deutsche Forschungsgemeinschaft durch eine international besetzte Kommission die Problematik aufgearbeitet hatte, legte sie eine Reihe von Empfehlungen vor, die nicht zuletzt an die Adresse der Hochschulen gerichtet waren.[10] Darin wird für die künftige Förderung von Forschungsvorhaben zur Bedingung gemacht, daß die Forschungseinrichtung eines Antragstellers sich Regeln für die Sicherung guter wissenschaftlicher Praxis gegeben hat (Empfehlung Nr. 8). Demzufolge können die Universitäten, sofern sie ihre Forscher nicht im Stich lassen wollen, praktisch nicht mehr umhin, ein Verfahren zum Umgang mit Vorwürfen wissenschaftlichen Fehlverhaltens vorzusehen.

Um diesem Auftrag leichter nachkommen zu können, haben die Universitäten Hilfe durch die Hochschulrektorenkonferenz erhalten, indem diese einen Regelungsrahmen entwickelt hat, den die einzelnen Universitäten mit etwa erforderlichen lokalen Anpassungen übernehmen können.[11] Dabei konnte die Hochschulrektorenkonferenz auf die analogen Regeln der Max-Planck-Gesellschaft zurückgreifen, wovon sie insbesondere hinsichtlich der Umschreibung von Fehlverhalten und des zweistufigen Untersuchungsverfahrens weitgehend Gebrauch gemacht hat.[12]

Nicht zuletzt war bei all diesen Regelungsbemühungen ein Urteil des Bundesverwaltungsgerichts vom 11.12.1996 zu beachten, aus dem sich zwar einerseits die - zunächst nicht unumstrittene – grundsätzliche Befugnis von Hochschulorganen zur Ermittlung und Ahndung von wissenschaftlichem Fehlverhalten ergibt, aber andererseits auch die Notwendigkeit hinreichend bestimmter Verfahrensregeln betont wird.[13]

Inwieweit sich die einzelnen Universitäten zwischenzeitlich jeweils eigene Regeln gegeben haben, ist derzeit schwer zu überschauen. Soweit mir bislang solche Richtlinien bekanntgeworden sind, scheinen mir die bereits eingangs erwähnten Richtlinien und Regeln der Universität Freiburg zur „Selbstkontrolle in der Wissenschaft“[14] die umfassendsten zu sein, weil sie sowohl präventive Richtlinien zur Sicherung guter wissenschaftlicher Praxis (Teil I) als auch reaktive Verfahrensregeln für den Umgang mit wissenschaftlichem Fehlverhalten (Teil II) enthalten. Nachdem mir dieses im Anhang abgedruckte Regelwerk zudem

---

[10] *Deutsche Forschungsgemeinschaft*: Sicherung guter wissenschaftlicher Praxis, WILEY-VCH 1998.

[11] *Hochschulrektorenkonferenz*: Zum Umgang mit wissenschaftlichem Fehlverhalten in den Hochschulen. Beiträge zur Hoschulpolitik 9/1998.

[12] Vgl. *Hochschulrektorenkonferenz* (oben Anm. 11), S. 8.

[13] BVerwGE 102 (1998), S. 304-315; auch abgedruckt in: Hochschulrektorenkonferenz (oben Anm. 11), S. 33 ff.

[14] Vgl. oben Anm. 1

aufgrund eigener Mitwirkung am besten vertraut ist, mag es mir erlaubt sein, anhand der Freiburger Regelung exemplarisch einige der Punkte aufzuzeigen, die für das Funktionieren einer Selbstkontrolle der Wissenschaft wesentlich erscheinen.

IV.

Schon um optisch erkennen zu lassen, daß Prävention vor Repression geht, sind in der Freiburger Regelung die „Richtlinien zur Sicherung guter wissenschaftlicher Praxis“ (Teil I), bei denen sich unsere Senatskommission weitgehend an die bereits vorhandenen Empfehlungen der Medizinischen Fakultät anlehnen konnte,[15] ganz bewußt an den Anfang gestellt. Auch sollte dadurch, daß in diesem Teil nur von „Richtlinien“ (und nicht wie in Teil II von „Regeln“) gesprochen wird, angedeutet sein, daß es sich dabei im wesentlichen nur um Empfehlungen handelt, zu denen auch Alternativen denkbar sind, sofern sie das gesteckte Ziel, nämlich eine gute wissenschaftliche Praxis zu sichern, auf gleiche – oder vielleicht sogar bessere - Weise zu erreichen versprechen. Auch daß es dabei nicht unerhebliche Unterschiede in den Gepflogenheiten verschiedener Fakultäten geben kann, wird bei den Regeln zur Gestaltung von Arbeitsgruppen (I.2) ausdrücklich hervorgehoben.

Wie bereits in der Präambel, so wird auch in den allgemeinen Grundsätzen (I.1) mit Nachdruck die Verantwortlichkeit von Wissenschaftlern im wechselseitigen Prozeß des Erforschens und Erklärens von Natur und Kultur hervorgehoben: Wenn Forschung verläßlich sein soll, so kommt der Korrektheit ihrer Methoden, der Redlichkeit bei Darstellung von Ergebnissen und der Unverfälschtheit ihrer Veröffentlichung wesentliche Bedeutung zu.

Damit diese wissenschaftlichen Tugenden schon möglichst früh erkannt und erlernt werden, wird sowohl den Aufgaben der Betreuung des wissenschaftlichen Nachwuchses (I.2) als auch der Gestaltung von Arbeitsgruppen, wie sie vornehmlich in den Naturwissenschaften und in der Medizin zum Forschungsbetrieb gehören (I.3), ein jeweils eigenes Kapitel gewidmet. Gleiches gilt für die Qualitätssicherung im Labor und in der Datendokumentation (I.4). Wenn in diesem Bereich manche Aussagen zur Gruppengröße oder zu den Aufgaben der Leitung und der Verhaltensregeln innerhalb einer Arbeitsgruppe vielleicht als zu detailliert oder eng erscheinen mögen, so ist dies zwar nicht zu bestreiten, aber gleichwohl im Grundsatz unverzichtbar, wenn man aus den leidvollen Erfahrungen eines Fälschungsausmaßes lernen will, wie es letztlich nur aus Mängeln bei der Gestaltung und Kontrolle allzu großer oder zu vieler Arbeitsgruppen erklärbar erscheint.

---

[15] Vgl. oben Anm. 3.

In ähnlicher Weise durch die Erfahrung gewitzigt, bedurfte auch die Autorenschaft bei wissenschaftlichen Publikationen (I.5) einer eingehenden Klarstellung. Angesichts der in manchen Disziplinen eingerissenen Praxis, daß einerseits eine Autorenkette viele Namen enthalten kann, von denen zum Teil höchst unterschiedliche Beiträge – wenn überhaupt – zu der fraglichen Publikation geleistet wurden, daß aber andererseits in manchen Fällen niemand die Verantwortung für die Publikation zu übernehmen bereit war, erschien es geboten, sowohl zur Aufnahme in den Autorenkreis als auch zu der damit übernommenen Mitverantwortung Stellung zu beziehen. Angesichts der grundlegenden Bedeutung der Mitverantwortung aus Mitautorschaft mag dazu eine grundsätzliche Passage aus dem Abschlußbericht der Freiburger Untersuchungskommission des Rektors wiedergegeben sein:

„Diese Mitverantwortung mag je nach dem Standort eines Autors innerhalb einer Autorenkette unterschiedlich sein, indem vor allem dem Erstautor und dem Letztautor, insbesondere wenn er der sogenannte korrespondierende Autor ist, eine höhere und umfassendere Verantwortung zukommt. Gleichwohl haben alle Mitautoren grundsätzlich dafür einzustehen, daß die durch Mitautorschaft mitautorisierte Publikation wissenschaftlichen Standards entspricht. Dies hat jedenfalls für den Bereich zu gelten, für den ein Autor einen Beitrag geliefert hat: Insofern ist er nicht nur für die Korrektheit seines eigenen Beitrags verantwortlich, sondern auch dafür, daß dieser in wissenschaftlich vertretbarer Weise in die Publikation eingebracht wird. Demzufolge wird sich ein Mitautor nur insoweit von Mitverantwortlichkeit frei fühlen dürfen, als er ohne Wissen oder Einverständnis in den Autorenkreis aufgenommen wurde oder sein Beitrag in einer von ihm nicht autorisierten und nicht kontrollierbaren Weise Verwendung fand. Selbst für diesen Fall wird aber ein Mitautor den Mißbrauch seines Namens und/oder Beitrags nur dann als Entbindung von Verantwortung verstehen dürfen, wenn er sich dagegen verwahrt oder jedenfalls die betreffende Publikation sich nicht dadurch zu eigen gemacht hat, daß er sie in seine Publikationsliste aufnimmt und auf diese Weise Vorteile daraus zieht. Wer von Mitautorschaft profitiert, darf nicht erwarten, sich von Mitverantwortlichkeit dispensieren zu können."

Im übrigen können sich aus der Mitverantwortung von Mitautoren auch nachträgliche Pflichten ergeben, und zwar – wie wiederum im Freiburger Abschlußbericht festgestellt – in zweifacher Hinsicht:

„Zum einen für den Fall, daß ein in einer Veröffentlichung genannter Autor hinterher feststellen muß, ohne seine vorherige Zustimmung und/oder ohne die Möglichkeit zur Durchsicht der betreffenden Arbeit in den Kreis der Mitautoren aufgenommen worden zu sein. Ohne Rücksicht darauf, ob dabei ein Fälschungsverdacht besteht, wird man von einem ohne entsprechende Zustimmung in den Mitautorenkreis aufgenommenen Autor erwarten dürfen, daß er sich dagegen beim korrespondierenden Autor und/oder bei der betreffenden Zeitschrift verwahrt, falls er sich zu einer nachträglichen Zustimmung außerstande sieht.

V.

Da noch so perfekte Richtlinien eine gute wissenschaftliche Praxis nicht zwangsläufig gewährleisten, sind Verstöße nicht auszuschließen. Deshalb bedurfte es auch „Regeln für den Umgang mit wissenschaftlichem Fehlverhalten" (Teil II). Diese haben nun nicht mehr nur empfehlenden Charakter, sondern einen höheren Grad von Verbindlichkeit, weil schon allein durch die Erhebung eines Vorwurfs gegenüber einem anderen Wissenschaftler dessen Rechte beeinträchtigt werden können. Bei allem Streben nach einem möglichst effizienten Vorgehen gegen Fehlverhalten dürfen daher die Grundsätze von Fairness und Rechtstaatlichkeit nicht aus dem Auge verloren werden. Ohne auf Einzelheiten dieser Regeln, die im wesentlichen den entsprechenden MPG-Regeln[16] nachgeformt sind, hier im einzelnen nachgehen zu brauchen, erscheinen folgende Charakterzüge hervorhebenswert:

Im Interesse der Rechtssicherheit war zunächst einmal zu umschreiben, wann überhaupt von wissenschaftlichem Fehlverhalten gesprochen werden kann. Dies geschieht in Form einer allgemeinen Klausel, die durch Auflistung wesentlicher Anwendungsfälle ergänzt wird (I.1). Dabei werden vier Kategorien von Verhaltensweisen unterschieden, wobei die Grenzen gelegentlich fließend sein mögen, können doch Falschangaben (1) zugleich Verletzung geistigen Eigentums sein (2), ebenso wie darin unter Umständen auch eine Beeinträchtigung von Forschungstätigkeit (3) erblickt werden kann. Besonders hervorzuheben war die Mitverantwortung für Fehlverhalten (4), wobei insbesondere hinsichtlich der Mitautorschaft an fälschungsbehafteten Veröffentlichungen bzw. der groben Vernachlässigung der Aufsichtspflicht Lehren aus den jüngsten Vorfällen zu ziehen waren.

Von den wesentlichen Verfahrensmaximen sind zunächst die der Vertraulichkeit und der Unparteilichkeit zu nennen. Daß diese Prinzipien bei aller Unterschiedlichkeit miteinander zusammenhängen, läßt sich an der Rolle der Vertrauensperson in den Freiburger Regeln im Vergleich mit denen der Hochschulrektorenkonferenz demonstrieren: Während nach den HRK-Empfehlungen der dort sogenannte Ombudsmann sowohl als Berater fungiert (C.II) als in der Regel auch ein Fehlverhaltensverfahren durch entsprechenden Antrag soll eröffnen können (C.III),[17] soll nach den Freiburger Regeln die Vertrauensperson unter Wahrung der Vertraulichkeit grundsätzlich unparteilich bleiben und daher allenfalls dann das ihr Anvertraute an die für eine Vorprüfung zuständige Instanz (in der Regel der Dekan) weitergeben dürfen, wenn nicht auf andere Weise schwerster Schaden abgewendet werden kann. (II.2.1 Abs. 3). Ähnlich wird auch bereits bei der Vorprüfung als erster Stufe eines möglichen Verfahrens darauf

[16] Vgl. oben Anm. 9.
[17] Vgl. oben Anm. 11.

geachtet, daß einerseits der Dekan umgehend den Prorektor in Kenntnis zu setzen hat, um von Anfang an die unparteiliche Mitwirkung einer fakultätsexternen Person zu sichern (II.2.2 Abs. 1), und andererseits in dieser Phase der informierten Person Vertraulichkeit zugesichert wird, um sie vor möglichen Repressalien zu schützen (II.2.2 Abs. 2).

Ein weiteres Charakteristikum ist die Zweistufigkeit des Verfahrens. Nach der schon erwähnten Vorprüfung, mit der das Verfahren bereits zu Ende kommen kann, wenn sich der Verdacht von Fehlverhalten völlig ausräumen oder nicht hinreichend bestätigen läßt (II.2.2 Abs. 3), kommt es zu einer förmlichen Untersuchung, wenn weiterer Aufklärungs- oder Entscheidungsbedarf besteht (II.2.3). Diese Untersuchung wird nunmehr von einer fünfköpfigen Kommission durchgeführt, die zur Gewährleistung von größtmöglicher Unparteilichkeit mit mindestens zwei externen Personen besetzt sein und durch einen zum Richteramt befähigten Vorsitzenden mit juristischem Sachverstand ausgestattet sein muß (II.2.3 Abs. 1). Soweit es der Kommission hinsichtlich des infragestehenden Fehlverhaltens an eigener fachlicher Kompetenz mangelt, können bis zu zwei weitere Personen mit besonderer Sachkunde beratend hinzugezogen werden.

Das Verfahren selbst soll nur so förmlich wie nötig und so einfach wie möglich geführt werden. Deshalb hat die Kommission nach den Grundsätzen freier Beweiswürdigung das Vorliegen eines Fehlverhaltens zu prüfen (II.2.3 Abs. 2a). Auch beschränkt sich im übrigen die Verfahrensordnung darauf, nur wesentliche Verfahrensgrundsätze, wie insbesondere die Anhörung der Betroffenen und die Möglichkeit einer sachgerechten Verteidigung, ausdrücklich zu erwähnen (II.2.3 Abs. 2a bzw. b).

Ein weiteres Kennzeichen ist das Bemühen um Schadensbegrenzung. Dem dient sowohl die Zügigkeit des Verfahrens (II.2.3 Abs. 2 f) wie auch die nach Beendigung eines förmlichen Untersuchungsverfahrens möglicherweise gebotene Betreuung von Mitbetroffenen im Wege einer Beratung durch die Vertrauensperson oder durch ausdrückliche Entlastung von unbegründeten Vorwürfen (II.3.6).

Ferner bleibt als ein Merkmal, wie es bereits für die MPG-Verfahrensordnung charakteristisch ist,[18] hervorzuheben, daß die Kommission selbst keine Sanktionen ausspricht, sondern lediglich Feststellungen trifft und allenfalls Empfehlungen vorlegt; denn die aus einem festgestellten Fehlverhalten zu ziehenden Konsequenzen sollen ganz bewußt dem Rektor überlassen bleiben (II.2.3 Abs. 2 c).

Als mögliche Entscheidungen und Sanktionen bei wissenschaftlichem Fehlverhalten (II.3) steht ein vielfältiges Instrumentarium zur Verfügung, angefangen von arbeitsrechtlichen, zivilrechtlichen und akademischen Konsequenzen, bis hin

[18] Vgl. MPG-Verfahrensordnung II.2c. (oben Anm. 9).

zur Einleitung eines Strafverfahrens. Davon kann insbesondere inneruniversitär die Entziehung von akademischen Graden geboten sein (II.3.3 Abs. 1, 2). Außeruniversitär kommt die Informierung von betroffenen wissenschaftlichen Einrichtungen in Frage, wofür übrigens, wie vergangene Verfahren zeigen, durchaus ein Bedürfnis zu bestehen scheint. Besonders wichtig ist jedoch die Rückziehung von wissenschaftlichen Veröffentlichungen (II.3.3 Abs. 3), wo nach bisherigen Erfahrungen noch manches im argen liegt. Um so mehr waren hier vergleichsweise konkrete Regeln geboten. Nicht zuletzt ist für die vorgesehene Informierung schutzbedürftiger Dritter oder der Öffentlichkeit (II.3.5) ein angemessener Weg zu finden.

VI.

Ich möchte nicht schließen, ohne noch kurz das Wort an jene gerichtet zu haben, die Richtlinien und Regeln der vorgestellten Art nach wie vor skeptisch bis ablehnend gegenüberstehen – und das sind nach meinem Eindruck nicht wenige, auch wenn angesichts der unleugbaren Mißbrauchsfälle der jüngsten Vergangenheit Widerstand gegen ausdrückliche Verhaltensregeln ungern öffentlich artikuliert wird. Soweit es bei der Kritik um die Verhinderung von Überbürokratismus geht, rennt man offene Türen ein. Soweit hingegen befürchtet wird, daß durch die Aufstellung von Verhaltensregeln die Glaubwürdigkeit der Wissenschaft gefährdet werde, weil man damit indirekt die Möglichkeit von Mißbrauch einräume, scheint mir – neben einer beträchtlichen Portion von Realitätsverlust – auch ein Standesdünkel am Werk zu sein, wie er mir für eine jeglichen hierarchischen Privilegien abholde Gesellschaft nicht mehr legitim erscheint und zudem Glaubwürdigkeit eher zu untergraben als zu bewahren geeignet ist. Soweit man allein auf die „Selbstheilungskräfte" der Wissenschaft glaubt vertrauen zu können, wie auch ich dies über viele Jahre getan habe, so stellen sich diese nach den inzwischen gemachten Erfahrungen kaum von selber ein, wenn sie nicht nach bestimmten Regeln initiiert und geleitet werden.

Solche Regeln zu schaffen, ist die Forschergemeinde nicht zuletzt der Öffentlichkeit schuldig, deren Vertrauen sie bedarf, wenn sie in der gebotenen wissenschaftlichen Unabhängigkeit tätig sein soll. Einen solchen Vertrauensvorschuß wird sie nämlich nur solange erwarten dürfen, wie sie in erkennbarer Weise Vorkehrungen dafür trifft, daß das Vertrauen nicht enttäuscht wird und enttäuschtes Vertrauen nicht sanktionslos bleibt.[19] Vertrauen in die Wissenschaft als Institution und die in ihr tätigen Forscherinnen und Forscher zu erhalten oder notfalls wiederherzustellen, nicht mehr und nicht weniger ist daher das Ziel von Richtlinien und Regeln für die präventive und notfalls reaktive Selbstkontrolle in der Wissenschaft.

[19] Vgl. dazu auch *Eser* (oben Anm. 6), S. 3.

Anhang zu Eser

Albert-Ludwigs-Universität Freiburg

„SELBSTKONTROLLE IN DER WISSENSCHAFT“[1]

- verabschiedet vom Senat in seiner Sitzung am 16. Dezember 1998 -
- veröffentlicht in den Amtlichen Bekanntmachungen der Albert-Ludwigs-Universität Freiburg im Breisgau, Jahrgang 30 Nr. 1, S. 1-17 vom 25.01.1999.

[1] Der Gleichberechtigung von Mann und Frau wird in den folgenden Richtlinien und Regeln durch die sprachlichen Formulierungen Rechnung getragen (vgl. Richtlinien der Landesregierung [Baden Württembergs] zum Erlaß von Vorschriften vom 12.Mai 1997, bes. 2.1.6.5.; ferner Marlis Hellinger/Christine Bierbach, Eine Sprache für beide Geschlechter. Richtlinien für den nicht-sexistischen Sprachgebrauch. Hrsg. von der Deutschen UNESCO-Kommission. Bonn 1993).

Präambel

Wissenschaft zielt auf die Förderung des Verständnisses von Natur und Kultur. Dieses Ziel ist weitreichend und bedingt Bestimmungen darüber, welche Wege eine Universität einschlagen muß, um dieses Ziel zu erreichen.

- „Verstehen" ist eine Leistung, die von Menschen erbracht wird. Insofern geht es bei der Sicherung guter wissenschaftlicher Praxis immer um die sie ausübende Wissenschaftlerin und den Wissenschaftler. An ihnen liegt es, ob Verständnis von Natur und Kultur gefördert wird oder nicht. Ihre Redlichkeit schlägt sich nieder bzw. muß sich niederschlagen in korrekt angewandten Methoden, einer kritischen Prüfung der gewonnenen Ergebnisse und deren unverfälschter Veröffentlichung. Dazu gehört auch eine für die Öffentlichkeit klare Unterscheidung zwischen gesichertem Befund bzw. gesicherter Quellenlage und deren Interpretation.

- „Verstehen" als Leistung von Menschen besitzt eine historische Dimension, denn es baut auf dem auf, was zuvor geforscht und erarbeitet wurde, und wird seinerseits durch künftige plausiblere Forschung ersetzt. Da es um „besseres" oder um „mehr" Verständnis geht, ist gute wissenschaftliche Praxis nicht ohne Bezugnahme zur früheren und zur lebenden Forschergemeinschaft denkbar. Daher gehört zu ihr einerseits intellektuelle Aufrichtigkeit, welche die Bedingtheit und Begrenztheit des eigenen Erkennens und Leistens im Auge behält, andererseits Zivilcourage, um zu eigenen Ergebnissen zu stehen, auch wenn sie unpopulär sind und von der Wissenschaftsgemeinschaft nicht getragen werden. Erst recht muß eine Universität verhindern, daß aus materiellen Rücksichtnahmen Erkenntnisprozesse verfälscht werden.

- „Verstehen" ist ein Prozeß, der nicht folgenlos bleiben kann. Solche Folgen können geistiger Natur sein, indem die Welt oder z.B. die Lebensleistung von Menschen der Vergangenheit in einem anderen Licht gesehen wird und ihnen auf diesem Wege im Nachhinein Gerechtigkeit widerfährt; jedoch können sie auch von gravierend praktischer Art sein, indem sie z.B. technischen Innovationen den Weg bereiten. An einer Universität muß Zeit und Raum sein, diese Folgen mitzubedenken. Die Lehr- und Forschungsgemeinschaft der Universität versucht Verfahren zu entwickeln, um einerseits dem Ideologieverdacht zu entkommen, andererseits über dem reiner Machbarkeit verpflichteten wissenschaftlichen „Fortschritt" immer auch dessen Beherrschbarkeit im Auge zu behalten.

Richtlinien zur Sicherung guter wissenschaftlicher Praxis

1. Allgemeine Grundsätze

Wissenschaft als systematisch-methodischer Prozeß des Erforschens und Erklärens von Natur und Kultur ist eine verantwortungsvolle Aufgabe. Selbst wenn Forschung auf reines Erkennen ausgerichtet ist, können daraus gewonnene Ergebnisse für eine Anwendung auch durch an-dere offen stehen. Daraus können sich in vielerlei Hinsicht Konsequenzen für den Menschen und seine natürlichen, technischen und sozialen Lebensgrundlagen ergeben; deshalb muß auch der wissenschaftliche Fortschritt einer ständigen Reflexion unterliegen. Auch steht die Wissenschaft selbst in einem Prozeß des gegenseitigen Nehmens und Gebens. All dies setzt Verläßlichkeit des Forschens und seiner veröffentlichten Ergebnisse voraus.

Damit fällt allen an der Forschung Beteiligten eine große Verantwortung zu. Da vom Ergebnis ihrer Arbeit mittelbar oder unmittelbar die künftige Entwicklung entscheidender Lebensbereiche und technische Innovationen sowie nicht zuletzt auch der wissenschaftliche Fortschritt abhängen können, kommen der Korrektheit ihrer Methoden, der Redlichkeit bei Darstellung von Ergebnissen und der Unverfälschtheit ihrer Veröffentlichung wesentliche Bedeutung zu. Um dies zu gewährleisten, sind an die wissenschaftliche Arbeit und den Umgang mit den Ergebnissen vor allem folgende Anforderungen zu stellen:

- Die Untersuchungen sind nach dem neuesten Stand der Forschung durchzuführen. Dies setzt die Kenntnis und Verwertung des jeweils aktuellen Schrifttums und die Verwendung der dem Forschungsstand entsprechenden Methoden voraus.

- Je nach der betreffenden wissenschaftlichen Disziplin sind die eingesetzten Methoden und die Befunde zu dokumentieren. Dabei sind Wiederholbarkeit und Nachvollziehbarkeit wesentlich, was nur bei genauer Dokumentation des Ausgangspunktes, des wissenschaftlichen Vorgehens und der Ergebnisse möglich ist.

- Weitere Wesensmerkmale wissenschaftlicher Arbeit sind das Ernstnehmen von Zweifeln und die Redlichkeit der Argumentation. Ergebnisse wissenschaftlicher Arbeit sollten nicht als festgestellt ausgegeben werden, solange sie nicht auf unabhängigem Wege Bestätigung gefunden haben; jede Interpretation bemißt sich nach den Kriterien der Plausibilität. Bei der wissenschaftlich erwünschten Auseinandersetzung mit anderen Auffassungen haben sich Forscherinnen und Forscher an die selbstverständlichen Standards einer integren Argumentation zu halten.

- Wissenschaftliche Erkenntnisgewinne werden in Form von Publikationen der Öffentlichkeit mitgeteilt. Dabei sollte die Wiedergabe des Befunds und dessen Interpretation klar unterscheidbar sein. Ebenso wie die wissenschaftliche Beobachtung, das Experiment, die Feststellung der Befunde und deren Interpretation ist auch die Publikation Teil des wissenschaftlichen Prozesses, für den die Autoren und Autorinnen die jeweilige (Mit)Verantwortung zu übernehmen haben.

Aus diesen allgemeinen Zielsetzungen und Verantwortlichkeiten sind - ohne Anspruch auf Vollständigkeit - für bestimmte Forschungsbereiche die nachfolgenden Forderungen und Em-pfehlungen abzuleiten.

2. Aufgaben und Betreuung des wissenschaftlichen Nachwuchses

- Bereits mit Seminar-, Magister- und Diplomarbeiten beginnt das wissenschaftliche Arbeiten. Schon in dieser Zeit gilt es, nicht nur technische Fertigkeiten, sondern auch eine ethische Grundhaltung beim wissenschaftlichen Arbeiten, beim verantwortlichen Umgang mit Ergebnissen und bei der Zusammenarbeit mit anderen Forschenden zu erwerben und zu vermitteln. Dies gilt um so mehr für den wissenschaftlichen Nachwuchs im Promotions-, Postdoc- und Habilitationsstadium.

- Durch seine Forschungsarbeit gestaltet bereits der Nachwuchs wissenschaftliche Untersuchungen entscheidend mit. Er hat Anspruch auf regelmäßige wissenschaftliche Beratung und Unterstützung durch Betreuende oder Arbeitsgruppenleitende. Sie sind ihrerseits zu verantwortungsvoller Arbeit und Kollegialität verpflichtet. Der jeweilige Anteil der am wissenschaftlichen Gesamtvorhaben Beteiligten muß klar definierbar sein.

- Die an einem Forschungsvorhaben beteiligten Personen im Examens-, Promotions- und Postdoc-Stadium sind zu regelmäßiger mündlicher, erforderlichenfalls auch schriftlich dokumentierter Berichterstattung über den

Fortgang ihrer Forschungsarbeiten sowie gegebenenfalls zur Teilnahme an internen Seminaren verpflichtet.

3. Gestaltung von Arbeitsgruppen

In Forschungsbereichen, in denen - wie namentlich in den Naturwissenschaften und der Medizin - in der Regel mehrere Personen zusammenwirken, können diese bei der Fragestellung, ihrer Bearbeitung, der Deutung der Ergebnisse und dem Bericht an die wissenschaftliche Öffentlichkeit in unterschiedlicher Weise beteiligt und dementsprechend mitverantwortlich sein. Für dic vcrantwortliche Gestaltung von Forschung innerhalb solcher Arbeitsgruppen sind über die bereits zum wissenschaftlichen Nachwuchs genannten Punkte (I.2) hinaus folgende Regeln zu empfehlen. Dies schließt nicht aus, etwaigen fachbereichsspezifischen Besonderheiten durch entsprechende Modifizierungen Rechnung zu tragen.

Größe der Arbeitsgruppe

Arbeitsgruppen sollten eine bestimmte Größe nicht überschreiten. Sie sollten in der Regel von Habilitierten oder vergleichbar qualifizierten Personen geleitet werden.

Die Gruppengröße kann nach Arbeitsgebieten unterschiedlich sein; in größeren Instituten wird in der Regel ein Lehrstuhlbereich oder eine Abteilung aus mehreren Arbeitsgruppen bestehen. Die Arbeitsgruppe sollte klar definiert und in ihren Aufgaben strukturiert sein

Aufgaben innerhalb der Abteilungsleitung

- Die eine Abteilung Leitenden bestimmen die Grundrichtung der Forschung der Abteilung und ihren Arbeitsstil, sie führen oder koordinieren die einzelnen Arbeitsgruppen, sie sorgen für den gebotenen wissenschaftlichen Standard (einschließlich Einhaltung der Methodik und Weiterbildung der Mitarbeiterinnen und Mitarbeiter) und vertreten die Abteilung nach außen.

- Unter Wahrung der Gesamtverantwortung für die vorangehend umschriebene Organisationsstruktur der Abteilung kann deren Leitung für einzelne Bereiche die Verantwortung an Leiterinnen oder Leiter von Arbeitsgruppen delegieren. Wer die Abteilung leitet, sollte in der Regel auch eine Arbeitsgruppe leiten.

- Soweit die mit der Abteilungsleitung betraute Person die Verantwortung für eine Arbeitsgruppe ordnungsgemäß delegiert und ihrer fortbestehenden Aufsichtspflicht genügt hat, bleibt sie für die Ergebnisse und die

Veröffentlichung einzelner Untersuchungen der verschiedenen Arbeitsgruppen nur im Rahmen einer etwaigen Mitautorschaft verantwortlich (vgl. dazu 5).

Aufgaben der Arbeitsgruppenleitung

- Definition der Forschungsschwerpunkte der Gruppe
- Festlegung der Arbeitsabläufe und ihre Überwachung
- Erstellung der Arbeitsprogramme für den wissenschaftlichen Nachwuchs im Examens- und Diplomstadium sowie Anleitung zum wissenschaftlichen Arbeiten,
- Organisation regelmäßiger Labor- oder sonstiger Arbeitsbesprechungen mit Berichten der wissenschaftlich Mitarbeitenden sowie des wissenschaftlichen Nachwuchses im Diplom- und Doktorandenstadium,
- Laufende Verfolgung der Literatur, um Arbeiten anderer Arbeitsgruppen angemessen zu berücksichtigen, wobei diese Aufgabe auch arbeitsteilig in der Gruppe organisiert sein kann,
- Freigabe von Ergebnissen zur Veröffentlichung,
- kollegiale und vertrauensvolle Zusammenarbeit und interne Konfliktlösung mit Mitarbeitenden und Vorgesetzten.

Verhaltensregeln innerhalb der Arbeitsgruppe

- In allen Fragen der wissenschaftlichen Zielsetzung, der Publikation oder Verwertung von Forschungsergebnissen sind die Mitglieder einer Arbeitsgruppe der Gruppenleitung und Abteilungsleitung gegenüber weisungsgebunden.
- Forschungsergebnisse sind vorschriftsmäßig und vollständig zu protokollieren. Die geeignete Praxis der Protokollierung ist fachspezifisch und wird von der Abteilungsleitung und Arbeitsgruppenleitung schriftlich ausgearbeitet und den Mitarbeitenden zur Verfügung gestellt.
- Die Weitergabe von Methoden und Ergebnissen ist nur mit ausdrücklicher Genehmigung der Arbeitsgruppen- und Abteilungsleitung zulässig.
- Bei Konflikten innerhalb einer Arbeitsgruppe hinsichtlich der einzuhaltenden Regeln ist in erster Linie die Gruppenleitung zur Lösung des Problems berufen. Erforderlichenfalls ist die Abteilungsleitung über interne Konflikte zu informieren und deren Entscheidung einzuholen.

4. Qualitätssicherung im Labor und Datendokumentation

- Für Untersuchungen mit standardisierten Arbeitsabläufen sollte Qualitätssicherung organisiert sein, wobei Qualitätsmanagement auf verschiedenen Organisationsebenen zu empfehlen ist: Während auf Fakultätsebene Ziele und Struktur des Qualitätsmanagements der Fakultät festgelegt werden, kann dessen Überwachung an eine Person delegiert werden, die innerhalb der Arbeitsgruppe die Qualitätssicherung im Labor zu gewährleisten hat.

- Alle wissenschaftlichen Untersuchungen der Arbeitsgruppe sind vollständig zu protokollieren. Die Protokolle haben Dokumentencharakter und sind mindestens 10 Jahre bei der Leitung der Arbeitsgruppe, einer etwaigen Nachfolge oder bei einer von der Abteilungsleitung zu bestimmenden Stelle aufzubewahren.

- Primärdaten als Grundlagen für Veröffentlichungen sollen auf haltbaren und gesicherten Trägern in der Einrichtung, wo sie entstanden sind, für zehn Jahre aufbewahrt werden.

- Zur Publikation anstehende Untersuchungen sollten vor der Einreichung grundsätzlich allen Mitgliedern der Arbeitsgruppe, aber auch Mitgliedern anderer Arbeitsgruppen vorgestellt werden (z.B. bei den regelmäßigen Besprechungen). Dabei sollte detailliert auf die Methodik und Befunde eingegangen werden. Davon haben auch die Autoren und Autorinnen den Gewinn, daß auf diese Weise noch rechtzeitig Kritik an der Methodik oder an den Interpretationen der Befunde in das Manuskript eingearbeitet werden kann. Das Manuskript sollte von Mitgliedern der eigenen Arbeitsgruppe, aber auch anderer Arbeitsgruppen kritisch durchgelesen werden (zur Autorenschaft vgl. unten 5).

- Bei Vorhaben, die eine statistische Auswertung von Forschungsergebnissen oder die Auswertung von Spektren einschließen, sollte schon vor Beginn der Untersuchungen von kompetenter Seite Beratung über die experimentelle Vorgehensweise und die einzusetzenden Verfahren eingeholt werden.

5. Autorenschaft bei wissenschaftlichen Publikationen

Zur Bedeutung und Gestaltung wissenschaftlicher Publikationen

Publikationen sind das wichtigste Medium für die Vermittlung von Forschungsergebnissen an die wissenschaftliche und allgemeine Öffentlichkeit. Für die damit eröffnete Verwertung in Wissenschaft und Praxis kommt es vor allem auf die inhaltliche Verläßlichkeit der Ergebnisse und die methodische Korrektheit bei ihrer Gewinnung an. Über diese (bereits unter 1) angesprochene funktionelle Bedeutung von Publikationen für die Institution von Wissenschaft und Forschung hinaus spielen sie auch in personeller und professioneller Hinsicht eine entscheidende Rolle. So sind sie vor allem wissenschaftlicher Qualitätsausweis bei Habilitations- und Berufungsverfahren; doch auch bei Einwerbung von Forschungsmitteln kann die Anzahl oder der Veröffentlichungsort von Publikationen ein entscheidendes Zuteilungskriterium darstellen. In dieser Hinsicht kommt es maßgeblich auf die (Mit)Autorschaft an einer Veröffentlichung an. Demzufolge können die Kriterien, nach denen man zum Autor bzw. zur Autorin werden kann und wie sie nach Zahl und Rang des Publikationsorgans bewertet werden, Rückwirkungen darauf haben, wie wissenschaftlich Arbeitende ihre Untersuchungen und Publikationen gestalten und autorisieren.

Vorbehaltlich unterschiedlicher Gepflogenheiten, wie sie in verschiedenen Fachdisziplinen Anerkennung gefunden haben, sind für die Gestaltung von wissenschaftlichen Publikationen grundsätzlich folgende Leitlinien zu beachten:

- Die Bezeichnung und Bewertung als "Originalarbeit" kann nur der erstmaligen Mitteilung neuer Beobachtungen oder experimenteller Ergebnisse einschließlich der Schlußfolgerungen zukommen. Demzufolge ist die mehrfache Publikation derselben Ergebnisse, abgesehen von vorläufigen Kurzmitteilungen in aktuellen Fällen, nur unter Offenlegung der Vorveröffentlichung vertretbar.

- Wissenschaftliche Untersuchungen müssen nachprüfbar sein. Demzufolge muß ihre Publizierung eine exakte Beschreibung der Methoden und Ergebnisse enthalten.

- Befunde, welche die Hypothese des Autors bzw. der Autorin stützen oder sie in Frage stellen, sind gleichermaßen mitzuteilen.

- Befunde und Ideen anderer Forschender sind ebenso wie relevante Publikationen anderer Autoren und Autorinnen in gebotener Weise zu zitieren.

- Die Fragmentierung von Untersuchungen mit dem Ziel, die Anzahl scheinbar eigenständiger Publikationen zu erhöhen, ist zu unterlassen.

Kriterien und Mitverantwortung für Mitautorenschaft

(1) Sind an einer Forschungsarbeit oder an der Abfassung eines wissenschaftlichen Berichts Mehrere beteiligt, so kann als Mitautor bzw. als Mitautorin genannt werden, wer wesentlich

- zur Fragestellung, zum Forschungsplan, zur Durchführung der Forschungsarbeiten, zur Auswertung oder Deutung der Ergebnisse sowie

- zum Entwurf oder zur kritischen inhaltlichen Überarbeitung des Manuskripts beigetragen hat. Eine nur technische Mitwirkung bei der Datenerhebung vermag eine Mitautorenschaft ebensowenig zu begründen wie allein die Bereitstellung von Finanzmitteln oder die allgemeine Leitung der Abteilung, in der die Forschung durchgeführt wurde. Gleiches gilt für das bloße Lesen des Manuskripts ohne Mitgestaltung des Inhalts.

- Bei Berichten aus mehreren Arbeitsgruppen soll soweit wie möglich der Beitrag der Einzelgruppen kenntlich gemacht werden.

- Die Freigabe eines Manuskripts zur Veröffentlichung sollte von allen Mitautoren und Mitautorinnen durch Unterschrift bestätigt und der Anteil der einzelnen Personen oder Arbeitsgruppen dokumentiert werden.

- Werden im Manuskript unveröffentlichte Beobachtungen anderer Personen zitiert oder Befunde anderer Institutionen verwendet, so ist, vorbehaltlich anderer anerkannter fachspezifischer Übung, deren schriftliches Einverständnis einzuholen.

(2) Durch sein Einverständnis mit der Nennung als Mitautor bzw. Mitautorin wird die Mitverantwortung dafür übernommen, daß die mitautorisierte Publikation wissenschaftlichen Standards entspricht. Dies gilt vor allem für den Bereich, für den ein Mitautor bzw. eine Mitautorin einen Beitrag geliefert hat: Insofern ist man sowohl für die Korrektheit des eigenen Beitrags wie auch dafür verantwortlich, daß dieser in wissenschaftlich vertretbarer Weise in die Publikation eingebracht wird.

(3) Finden sich Wissenschaftlerinnen und Wissenschaftler ohne ihr Einverständnis in einer Veröffentlichung als (Mit)Autoren genannt und sehen sie sich zu einer nachträglichen Genehmigung außerstande, so ist von ihnen zu erwarten, daß sie sich gegen ihre Aufnahme in den Autorenkreis bei den Erst- oder Letztautoren (als den im Regelfall Hauptverantwortlichen) und/oder bei der betreffenden Zeitschrift in ausdrücklicher Form verwahren. Unterlassen sie eine solche Distanzierung, so gilt dies als nachträgliche Genehmigung ihrer Aufnahme in den Autorenkreis mit entsprechender Mitverantwortung für die Veröffentlichung.

Bewertung von Wissenschaftlerinnen und Wissenschaftlern anhand ihrer Publikationen

(1) Neben der Fähigkeit zur selbständigen Lehre im betreffenden Fach erfolgt die Bewertung von wissenschaftlichen Leistungen vorrangig anhand der Publikationen. Hinsichtlich der dabei anzuwendenden Maßstäbe haben sich in manchen Disziplinen Gepflogenheiten entwickelt, bei denen quantitative Faktoren vor qualitativer Evaluation rangieren. Demgegenüber sind vor allem folgende Vorbehalte zu machen:

- Die Bewertung von Publikationen anhand des "Citation Index" und des "Impact Factors" (wie beispielsweise durch Zählung der Zitierungen eines Autors bzw. einer Autorin in einer Zeitschrift unter Berücksichtigung von deren Rang, der seinerseits anhand der Zitierhäufigkeit von Artikeln in der betreffenden Zeitschrift ermittelt ist) kann zwar als eines unter anderen Kriterien für die Qualität einer Publikation herangezogen werden; dies kann jedoch eine inhaltliche Bewertung von Publikationen nicht ersetzen. Dies gilt um so mehr, je mehr man in den Bereich von Spezialfächern gerät, bei denen es an einer hinreichend breiten Vergleichsbasis fehlt.

- Für die inhaltliche Bewertung einer Publikation kommt es maßgeblich darauf an, inwieweit es sich um eine originelle Fragestellung oder deren originelle Lösung handelt, inwieweit ein wirklich neuer Erkenntnisgewinn und nicht nur die Bestätigung früherer Befunde erreicht wurde, und wie hoch der Anteil der einzelnen Forschenden am wissenschaftlichen Konzept der Untersuchungen, an den eigenen Experimenten und an der Manuskriptgestaltung ist.

- Auch bei der vergleichenden Bewertung von Wissenschaftlern und Wissenschaftlerinnen, bei der angesichts der großen Zahl von Publikationen eine Einzelbegutachtung an die Grenze des praktisch Möglichen stößt, kann die Anzahl von Publikationen nicht der einzige Beurteilungsmaßstab sein. Vielmehr ist auch in diesem Fall zumindest stichprobenhaft eine inhaltliche Qualitätsermittlung unverzichtbar.

(2) Insbesondere muß bei der Zulassung zur Habilitation die Qualität der Publikationen und nicht deren Anzahl ausschlaggebend seien. Soweit es sich um eine Veröffentlichung in Mitautorschaft mit anderen handelt, sollte der Anteil der Antragstellenden an der Publikation klargestellt werden.

(3) Bei Berufungs- oder Bewerbungsverfahren auf wissenschaftliche Stellen kann es sich bei einer hohen Zahl von Publikationen empfehlen, eine beschränkte Anzahl von Publikationen benennen zu lassen, die einer Qualitätsbewertung unterzogen werden sollen. Auf diese Weise ist dem gegenwärtig in manchen Disziplinen bestehenden Druck, auf Kosten der wissenschaftlichen Sorgfalt möglichst viel und schnell zu publizieren, entgegenzuwirken. Die Benennung

einer begrenzten Anzahl von Veröffentlichungen durch den Autor bzw. die Autorin schließt nicht aus, zur Erlangung eines Gesamtbildes auch nichtbenannte Veröffentlichungen in die Bewertung mit einzubeziehen.

6. Ausbildung und Beratung, Vertrauensperson

(1) Die Fakultäten haben sicherzustellen, daß die Richtlinien zur Sicherung guter wissenschaftlicher Praxis fester Bestandteil der Ausbildung des wissenschaftlichen Nachwuchses sind.

(2) Auf Vorschlag des Rektors/der Rektorin werden vom Senat eine unabhängige Vertrauensperson und ein Stellvertreter bzw. eine Stellvertreterin bestellt, an die sich alle Angehörigen der Universität wenden können, um in einem Konfliktfall vermitteln oder sich über die für eine gute wissenschaftliche Praxis zu beachtenden Regeln beraten zu lassen.

Die Bestellung der Vertrauensperson erfolgt auf drei Jahre; einmalige Wiederbestellung ist möglich. Gleiches gilt für die Bestellung der stellvertretenden Person, die bei Befangenheit oder Verhinderung der Vertrauensperson an deren Stelle tritt.

Regeln für den Umgang mit wissenschaftlichem Fehlverhalten

1. Wissenschaftliches Fehlverhalten

Wissenschaftliches Fehlverhalten liegt vor, wenn in einem wissenschaftserheblichen Zusammenhang bewußt oder grob fahrlässig Falschangaben gemacht werden, geistiges Eigentum anderer verletzt oder sonstwie deren Forschungstätigkeit beeinträchtigt wird. Entscheidend sind jeweils die Umstände des Einzelfalles.

Ein solches Fehlverhalten kommt insbesondere in Betracht bei:

(1) Falschangaben durch

a) Erfinden von Daten,

b) Verfälschung von Daten und Quellen, wie beispielsweise
- durch Unterdrücken von relevanten Quellen, Belegen oder Texten,
- durch Auswählen und Zurückweisen unerwünschter Ergebnisse, ohne daß dies offengelegt wird,
- durch Manipulation von Quellen, Darstellungen oder Abbildungen,

c) unrichtige Angaben in einem Bewerbungsschreiben oder einem Förderantrag (einschließlich Falschangaben zum Publikationsorgan und zu in Druck befindlichen Veröffentlichungen),

d) unrichtige Angaben zur wissenschaftlichen Leistung von Bewerbern und Bewerberinnen in Auswahlkommissionen;

(2) Verletzung geistigen Eigentums

in bezug auf ein von einem anderen geschaffenes urheberrechtlich geschützes Werk oder von anderen stammende wesentliche wissenschaftliche Erkenntnisse, Hypothesen, Lehren oder Forschungsansätze durch

a) unbefugte Verwertung unter Anmaßung der Autorschaft (Plagiat),

b) Ausbeutung von Forschungsansätzen und Ideen, insbesondere als Gutachtende (Ideendiebstahl),

c) Anmaßung oder unbegründete Annahme wissenschaftlicher Autor- oder Mitautorschaft,

d) Verfälschung des Inhalts,

e) unbefugte Veröffentlichung oder unbefugtes Zugänglichmachen gegenüber Dritten, solange das Werk, die Erkenntnis, die Hypothese, der Lehrinhalt oder der Forschungsansatz noch nicht veröffentlicht ist,

f) Inanspruchnahme der (Mit)Autorschaft einer anderen Person ohne deren Einverständnis;

(3) Beeinträchtigung von Forschungstätigkeit durch

a) Sabotage von Forschungsvorhaben anderer, wie beispielsweise durch
- Beschädigen, Zerstören oder Manipulieren von Versuchsanordnungen, Geräten, Unterlagen, Hardware, Software, Chemikalien oder sonstiger Sachen, die ein anderer zur Durchführung eines Experiments benötigt,
- arglistiges Verstellen oder Entwenden von Büchern, Archivalien, Handschriften, Datensätzen,
- vorsätzliche Unbrauchbarmachung von wissenschaftlich relevanten Informationsträgern, wie Büchern, Dokumenten oder sonstigen Daten,

b) Beseitigung von Primärdaten, soweit damit gegen gesetzliche Bestimmungen oder fachspezifisch anerkannte Grundsätze wissenschaftlicher Arbeit verstoßen wird.

(4) Eine *Mitverantwortung* für Fehlverhalten kann sich unter anderem ergeben aus

a) aktiver Beteiligung am Fehlverhalten anderer,

b) Mitwissen um Fälschungen durch andere,

c) Mitautorschaft an fälschungsbehafteten Veröffentlichungen,

d) grobe Vernachlässigung der Aufsichtspflicht.

2. Verfahren beim Verdacht von wissenschaftlichem Fehlverhalten

2.1 Anrufbarkeit der Vertrauensperson

(1) Sehen Universitätsangehörige das Bedürfnis, sich über einen Verdacht wissenschaftlichen Fehlverhaltens auszusprechen oder diesbezüglich beraten zu lassen, so können sie die von der Universitätsleitung bestellte Vertrauensperson (I.6) anrufen. Dieses Recht steht auch denjenigen zu, die sich dem Verdacht wissenschaftlichen Fehlverhaltens ausgesetzt sehen.

(2) Die Vertrauensperson hat zu prüfen, ob und inwieweit die Verdachtsmomente plausibel erscheinen und ein Fehlverhalten begründen könnten, sowie Ratsuchende über ihre Rechte zu beraten. Dabei ist Vertraulichkeit zu wahren, soweit die Verdachtsmomente nicht bereits über den Kreis der unmittelbar Betroffenen hinaus bekannt sind oder einverständlich weitere Personen in das Vertrauen einbezogen werden.

(3) Ohne die Zustimmung von Ratsuchenden darf die Vertrauensperson das ihr Anvertraute nur dann und insoweit weitergeben, als es sich um den begründeten Verdacht eines derart schwerwiegenden wissenschaftlichen Fehlverhaltens handelt, daß bei dessen nicht weiterer Verfolgung schwerster Schaden für die Universität, deren Mitglieder oder für Dritte zu besorgen wäre. In diesem Falle informiert die Vertrauensperson den Dekan bzw. die Dekanin der betreffenden Fakultät, die das vorgesehene Verfahren einzuleiten haben.

2.2 Vorprüfung

(1) Auch ohne vorherige Anrufung der Vertrauensperson kann bei konkreten Verdachtsmomenten für wissenschaftliches Fehlverhalten ein Verfahren in Gang gesetzt werden. Dazu ist der zuständige Dekan/die zuständige Dekanin (bzw. im Falle eigener Betroffenheit der Prodekan/die Prodekanin) zu informieren. Diese haben ihrerseits umgehend den Prorektor/die Prorektorin für Forschungsangelegenheiten in Kenntnis zu setzen; in begründeten Ausnahmefällen können diese auch unmittelbar informiert werden. Die Verdachtsanzeige soll schriftlich erfolgen; bei mündlicher Information ist ein schriftlicher Vermerk über den Verdacht und die ihn begründenden Belege aufzunehmen. Bereits in dieser Phase des Verfahrens ist darauf zu achten, daß es den Betroffenen auch zur Entlastung von vorgeworfenem Fehlverhalten dienen kann.

(2) Den vom Verdacht des Fehlverhaltens Betroffenen wird vom Dekan/der Dekanin (bzw. in einem etwaigen Ausnahmefall vom Prorektor/von der

Prorektorin) unter Nennung der belastenden Tatsachen oder Beweismittel Gelegenheit zur Stellungnahme gegeben; Absatz (1) Satz 3 gilt entsprechend. Die Frist hierfür beträgt in der Regel zwei Wochen. Der Name von informierenden Personen wird ohne deren Einverständnis in dieser Phase den Betroffenen nicht offenbart. Dies schließt eine einverständliche Gegenüberstellung nicht aus.

(3) Nach Eingang der Stellungnahme der Betroffenen bzw. nach Verstreichen der ihnen gesetzten Frist treffen der Dekan/die Dekanin und der zuständige Prorektor/die zuständige Prorektorin innerhalb einer Frist von zwei Wochen eine Entscheidung darüber, ob

- das Vorprüfungsverfahren - unter Mitteilung der Gründe an die Betroffenen und die informierenden Personen - zu beenden ist, weil sich der Verdacht nicht hinreichend bestätigt bzw. ein vermeintliches Fehlverhalten vollständig aufgeklärt hat, oder ob

- zur weiteren Aufklärung oder Entscheidung die Überleitung in das förmliche Untersuchungsverfahren zu erfolgen hat.

Soweit der Dekan/die Dekanin und der Prorektor/die Prorektorin keine eigene Sachkunde in dem betroffenen Wissenschaftsbereich besitzen, ist das fachnächste Mitglied der Untersuchungskommission (II.2.3.1) zum Vorprüfungsverfahren hinzuzuziehen.

(4) Sind informierende Personen mit der Einstellung des Vorprüfungsverfahrens nicht einverstanden, so können sie ihre Einwände innerhalb von zwei Wochen schriftlich oder mündlich gegenüber den am Vorprüfungsverfahren Beteiligten vortragen, die dann ihrerseits noch einmal gemäß Absatz (3) zu beraten und zu entscheiden haben. Kommt es zu keiner Einigung mit den informierenden Personen, so ist die Sache dem/der Vorsitzenden der Untersuchungskommission zur Entscheidung vorzulegen.

2.3 Förmliche Untersuchung

(1) Zuständigkeit

Die förmliche Untersuchung wird von einer auf Vorschlag des Rektors/der Rektorin vom Senat für die Dauer von drei Jahren eingesetzten Untersuchungskommission durchgeführt. Die Kommission besteht einschließlich der den Vorsitz führenden Person, die zum Richteramt befähigt sein muß, aus fünf Mitgliedern, von denen mindestens zwei von außerhalb der Universität Freiburg kommen sollen. Nach Ablauf der Amtszeit eines Mitglieds ist einmalige Wiederbestellung möglich.

Die Untersuchungskommission kann bis zu zwei weitere Personen, die auf dem Gebiet eines zu beurteilenden wissenschaftlichen Sachverhaltes besondere Sachkunde besitzen oder Erfahrung im Umgang mit einschlägigen Verfahren haben, als Mitglieder mit beratender Stimme hinzuziehen.

(2) Verfahren

a) Die Kommission berät in nichtöffentlicher mündlicher Verhandlung. Sie prüft in freier Beweiswürdigung, ob wissenschaftliches Fehlverhalten vorliegt. Dem von einem möglichen Fehlverhalten betroffenen Institut oder Arbeitsbereich ist in geeigneter Weise Gelegenheit zur Stellungnahme zu geben. Die Betroffenen sind auf ihren Wunsch mündlich anzuhören; dazu können sie eine Person ihres Vertrauens als Beistand hinzuziehen. Dies gilt auch für sonstige anzuhörende Personen.

b) Es kann erforderlich werden, die Namen der informierenden Personen offenzulegen, wenn Betroffene sich andernfalls nicht sachgerecht verteidigen können, insbesondere weil der Glaubwürdigkeit und den Motiven von informierenden Personen im Hinblick auf die Aufklärung des vorgeworfenen Fehlverhaltens wesentliche Bedeutung zukommt.

c) Hält die Kommission ein Fehlverhalten mehrheitlich für nicht erwiesen, so wird das Verfahren eingestellt. Hält sie es mehrheitlich für erwiesen, so legt sie das Ergebnis ihrer Untersuchung dem Rektor/der Rektorin mit einem Vorschlag zur Entscheidung und weiteren Veranlassung vor.

d) Die wesentlichen Gründe, die zur Einstellung des Verfahrens oder zur Weiterleitung an den Rektor/die Rektorin geführt haben, sind den Betroffenen und den informierenden Personen schriftlich mitzuteilen.

e) Ein internes Beschwerdeverfahren gegen die Entscheidung der Kommission ist nicht gegeben.

f) Die für die Stellungnahmen, Anhörungen, Verhandlungen und Entscheidungen zu bestimmenden Fristen sind jeweils so anzusetzen, daß ein zügiges Verfahren gewährleistet ist.

g) Die Akten der förmlichen Untersuchung sind 30 Jahre aufzubewahren.

3. Mögliche Entscheidungen und Sanktionen bei wissenschaftlichem Fehlverhalten

Wird von der Kommission wissenschaftliches Fehlverhalten förmlich festgestellt, so sind von den jeweils zuständigen Organen Entscheidungen unterschiedlicher Art und Reichweite in Betracht zu ziehen. Da jeder Fall anders gelagert sein kann, und auch die Schwere des festgestellten wissenschaftlichen Fehlverhaltens für die jeweilige Entscheidung eine Rolle spielt, gibt es keine einheitliche Richtlinie für die jeweils adäquaten Konsequenzen; diese richten sich vielmehr je nach den Umständen des Einzelfalles. Ohne Anspruch auf Vollständigkeit kommen je nach Lage des Falles insbesondere folgende Maßnahmen in Frage:

3.1 Arbeitsrechtliche Konsequenzen,

wie insbesondere

- Abmahnung
- außerordentliche Kündigung (einschließlich Verdachtskündigung)
- ordentliche Kündigung
- Vertragsauflösung
- Entfernung aus dem Dienst.

3.2 Zivilrechtliche Konsequenzen,

wie insbesondere

- Erteilung eines Hausverbots
- Herausgabeansprüche gegen die Betroffenen, wie etwa im Hinblick auf entwendetes wissenschaftliches Material
- Beseitigungs- und Unterlassungsansprüche aus Urheberrecht, Persönlichkeitsrecht, Patentrecht und Wettbewerbsrecht
- Rückforderungsansprüche (etwa von Stipendien, Drittmitteln oder dergleichen)
- Schadensersatzansprüche der Universität oder von Dritten bei Personenschäden, Sachschäden oder dergleichen.

3.3 Akademische Konsequenzen

Solche können auf verschiedenen Ebenen und mit unterschiedlicher Zielsetzung zu veranlassen sein.

(1) *Inneruniversitär*

- Entzug von akademischen Graden, wie insbesondere des Magister- oder Doktorgrades, wenn er auf fälschungsbehafteten Veröffentlichungen beruhte oder sonstwie arglistig erlangt wurde,

- Entzug der Lehrbefugnis. Um dies überprüfen zu können, sind bei Feststellung von entsprechend gravierendem wissenschaftlichen Fehlverhalten die zuständigen Gremien vom Rektor/von der Rektorin zu unterrichten.

(2) *Außeruniversitäre wissenschaftliche Einrichtungen und Vereinigungen*

Solche Institutionen sind über ein wissenschaftliches Fehlverhalten jedenfalls dann zu informieren, wenn sie davon unmittelbar berührt sind oder der betroffene Wissenschaftler/die betroffene Wissenschaftlerin eine leitende Stellung einnimmt oder, wie im Falle von Förderorganisationen, in Entscheidungsgremien mitwirkt.

(3) *Rückziehung von wissenschaftlichen Veröffentlichungen*

Besteht das wissenschaftliche Fehlverhalten in Falschangaben oder in einer Verletzung geistigen Eigentums gemäß II.1 (1), (2) oder (4) dieser Regeln, so ist der betroffene Autor/die betroffene Autorin zu einem entsprechenden Widerruf zu verpflichten. Soweit die betroffenen Arbeiten noch unveröffentlicht sind, sind sie rechtzeitig zurückzuziehen, soweit sie bereits veröffentlicht sind, sind sie - jedenfalls hinsichtlich der betroffenen Teile - zu widerrufen.

Der Betroffenen sind verpflichtet, bei Mitautoren und Mitautorinnen, auch soweit diese selbst kein Vorwurf wissenschaftlichen Fehlverhaltens trifft, auf das Einverständnis in einen Widerruf hinzuwirken.

Der oder die für die fälschungsbehaftete Veröffentlichung (mit)verantwortliche(n) (Mit)Autor(en) haben innerhalb einer festzulegenden Frist dem/der Vorsitzenden der Kommission Bericht zu erstatten über die auf Rückziehung hin unternommenen Maßnahmen und deren Erfolg. Erforderlichenfalls haben der bzw. die Kommissionsvorsitzende ihrerseits geeignete Maßnahmen zum Widerruf der betroffenen Veröffentlichungen zu ergreifen.

Veröffentlichungen, die von einer zuständigen Kommission als fälschungsbehaftet festgestellt wurden, sind aus der Veröffentlichungsliste des betreffenden

Autors bzw. der betreffenden Autorin zu streichen oder entsprechend zu kennzeichnen.

3.4 Strafrechtliche Konsequenzen

Solche kommen in Betracht, wenn der Verdacht besteht, daß wissenschaftliches Fehlverhalten zugleich einen Tatbestand des Strafgesetzbuchs (StGB) bzw. sonstiger Strafnormen oder Ordnungswidrigkeiten erfüllt, wie insbesondere bei

- Urheberrechtsverletzung
- Urkundenfälschung (einschließlich Fälschung technischer Aufzeichnungen)
- Sachbeschädigung (einschließlich Datenveränderung)
- Eigentums- und Vermögensdelikten (wie im Falle von Entwendungen, Erschleichung von Fördermitteln oder Veruntreuung)
- Verletzungen des persönlichen Lebens- oder Geheimnisbereichs (wie etwa durch Ausspähen von Daten oder Verwertung fremder Geheimnisse)
- Lebens- oder Körperverletzung (wie etwa von Probanden und Probandinnen infolge von falschen Daten).

Ob und inwieweit in einem solchen Fall von Seiten der Universität Strafanzeige zu erstatten ist, bleibt dem pflichtgemäßen Ermessen des Rektors/der Rektorin vorbehalten.

3.5 Information schutzbedürftiger Dritter und/oder der Öffentlichkeit

Soweit es zum Schutze Dritter, zur Wahrung des Vertrauens in die wissenschaftliche Redlichkeit, zur Wiederherstellung ihres wissenschaftlichen Rufes, zur Verhinderung von Folgeschäden oder sonstwie im allgemeinen öffentlichen Interesse veranlaßt erscheint, sind betroffene Dritte und/oder die Presse in angemessener Weise über das Ergebnis des Untersuchungsverfahrens zu unterrichten.

3.6 Betreuung von Mitbetroffenen

Am Ende eines förmlichen Untersuchungsverfahrens ist dafür Sorge zu tragen, daß Personen, die unverschuldet in Vorgänge wissenschaftlichen Fehlverhaltens verwickelt wurden, im Hinblick auf ihre persönliche und wissenschaftliche Integrität keinen weiteren Schaden erleiden.

Dazu können folgende Maßnahmen veranlaßt sein:

- Beratung durch die Vertrauensperson

- Schriftliche Erklärung des/der Kommissionsvorsitzenden, daß dem/der Betroffenen kein wissenschaftliches Fehlverhalten anzulasten ist.

In entsprechender Weise sind auch informierende Personen, sofern sich ihre Verdächtigung nicht als offensichtlich haltlos herausstellt, vor Benachteiligungen zu schützen.

Quellen

Deutsche Forschungsgemeinschaft: Sicherung guter wissenschaflticher Praxis, WILEY-VCH 1998

Hochschulrektorenkonferenz (HRK): Zum Umgang mit wissenschaftlichem Fehlverhalten in den Hochschulen, Empfehlung des 185. Plenums vom 6. Juli 1998

Max-Planck-Gesellschaft: Verfahren bei Verdacht auf wissenschaftliches Fehlverhalten. Beschluß des Senats der MPG vom 14. November 1997

Stefanie Stegemann-Boehl: Fehlverhalten von Forschern, Stuttgart 1994

Haftung und Versicherung bei medizinischen Forschungsprojekten am Menschen*

Helmut Kollhosser

I. Vorbemerkung

Wenn durch ein medizinisches Forschungsprojekt ein Mensch getötet oder Körper oder Gesundheit eines Menschen verletzt werden, können Schadensersatzansprüche und/oder Versicherungsansprüche entstehen. Je nach Konstellation kann sich ein Geflecht von Haftungsansprüchen und Absicherungen ergeben. Damit der Kurzvortrag nicht zu unübersichtlich wird, bitte ich um Erlaubnis, daß ich im Folgenden einiges vereinfache und pauschaliere[1]. Ich lasse die strafrechtliche Haftung außer Acht und befasse mich nur mit zivilrechtlichen Haftungsansprüchen (II) und Versicherungsansprüchen (III), und zwar in Grundlinien. Anschließend erörtere ich noch einige offene Fragen (IV).

II. Haftung

1. Ein Schadensersatzanspruch des Probanden[2] kann aus Vertragsrecht (pVV) und aus Deliktsrecht (§§ 823 ff. BGB) entstehen. Er setzt in jedem Fall eine schuldhafte, nämlich mindestens leicht fahrlässige (§ 276 I 2 BGB) Verletzung

---

* Vortrag, gehalten am 7.11.1998 auf dem Symposium „Forschung am Menschen" der Deutschen Gesellschaft für Medizinrecht (DGMR) e.V. in München

1 Ausführlicher: *Kollhosser,* Juristische Fragen in Ethik-Kommissionen, in: Medizinische Ethik-Kommissionen - Aspekte und Aufgaben - Schriften der Vereinigung der Freunde der Medizinischen Fakultät der WWU Münster, Heft 4, Münster 1981, S. 37-55; *ders.*, Haftungs- und versicherungsrechtliche Fragen bei Ethik-Kommissionen, in: Toellner (Hrsg.), Die Ethik-Kommissionen in der Medizin, Stuttgart, New York 1990, S. 79 - 90; *ders.,* Rechtsfragen der Probandenversicherung, im Jahrbuch des Arbeitskreises der Medizinischen Ethik-Kommissionen, Bd. 3, 1991, S. 131 ff. *Kreß*, Die Ethik-Kommissionen im System der Haftung bei der Planung und Durchführung von medizinischen Forschungsvorhaben am Menschen, Karlsruhe 1990.

2 Im Folgenden bezeichne ich (gesunde) Probanden und Patienten kurz einheitlich als Probanden

der ärztlichen Sorgfaltspflicht durch den Prüfarzt[3] voraus. Aus Vertragsrecht ergibt sich nur ein Anspruch auf Ersatz des Vermögensschadens (§§ 249, 253 BGB), insbesondere der Heilungskosten; aus Deliktsrecht kann zusätzlich noch Schmerzensgeld (§ 847 BGB) verlangt werden.

2. a) Wenn der Prüfarzt das Forschungsprojekt allein unter eigener Verantwortung betrieben hat, richten sich alle Ansprüche nur gegen ihn.

b) Wenn der Prüfarzt das Forschungsprojekt im Rahmen seiner Dienstverpflichtungen betrieben hat, insbesondere als beamteter oder angestellter Arzt in einer Universitätsklinik, dann verteilt sich die Haftung zwischen dem Dienstherrn und dem Prüfarzt so, daß im Ergebnis grundsätzlich der Dienstherr einzustehen hat (aus pVV mit § 278 BGB und aus § 839 BGB mit Art. 34 S. 1 BGB oder aus § 831 BGB), beim Prüfarzt aber Regreß nehmen kann, wenn dieser mindestens grob fahrlässig gehandelt hat (z.B. gem. Art. 34 S. 2 GG, § 46 I 1 Beamtenrechtsrahmengesetz).

c) Ein deliktischer Schadensersatz- und Schmerzgeldanspruch kann sich für den geschädigten Probanden außerdem noch gegen die Mitglieder der Ethik-Kommission und den Träger der Ethik-Kommission (bei öffentlichrechtlichen Ethik-Kommissionen: die Landesärztekammer oder die Universität) ergeben, in deren Auftrag die Ethik-Kommission (natürlich weisungsfrei) tätig wird, wenn schuldhaft ein positives Votum abgegeben worden ist. Auch hier verteilt sich die Haftung im Ergebnis so, daß grundsätzlich im Ergebnis der Träger der Ethik-Kommission einzustehen hat, daß er aber Regreß bei einzelnen Mitgliedern der Ethik-Kommission nehmen kann, sofern sie mindestens grob fahrlässig gehandelt haben.

3. a) Dies alles gilt gleichermaßen für die klinische Prüfung von Arzneimitteln nach dem Arzneimittelgesetz und von Medizinprodukten nach dem Medizinproduktegesetz. Es gilt aber ebenso für jede Art Forschung am Menschen in anderen Bereichen der Medizin, etwa der Reproduktionsmedizin oder der operativen Fächer.

b) Es gilt vor allem auch für sog. Pilotprojekte[4]. Das wurde früher z.T. bezweifelt. Ich erinnere mich z.B. an einen Fall, in dem wir in unserer Ethik-Kommission ein sorgfältig ausgearbeitetes Projekt zur Prüfung vorgelegt bekamen, aus dem mittelbar zu entnehmen war, daß vorweg schon mit einer kleineren Gruppe von Patienten Versuche unternommen worden waren, Auf die Frage, warum dafür keine Ethik-Kommission eingeschaltet worden war, erhielten

---

[3] Im Folgenden bezeichne ich die verschiedenen Arten der medizinischen Forscher kurz einheitlich als Prüfärzte

[4] Ausführlicher: *Kollhosser/Krefft*, Rechtliche Aspekte sog. Pilotstudien in der medizinischen Forschung, MedR 1993, 93 ff.

wir die entwaffnende Antwort: „Wir wollten uns doch vor der Ethik-Kommission nicht blamieren. Deswegen haben wir vorweg erst mal probiert, ob es auch funktioniert.“

Gerade Pilotprojekte können mit erhöhten Gefahren verbunden sein, und deshalb müssen gerade sie sorgfältig geplant und kontrolliert werden. Pilotprojekte ohne Prüfplan und Ethik-Kommissionen sind unzulässig und führen schon deshalb zur Schadensersatzhaftung wegen fahrlässiger Verletzung der ärztlichen Sorgfaltspflicht, wenn dabei etwas schief geht.

Pilotprojekte sind von individuellen Heilversuchen abzugrenzen. Ein individueller Heilversuch liegt vor, wenn ein Arzt bei Versagen der Standardtherapie im Einzelfall als letzte Möglichkeit einen (noch) nicht zugelassenen Arzneimittelstoff einsetzt, um dem Patienten vielleicht noch helfen zu können. Dieser individuelle Heilversuch ist keine systematische klinische Prüfung i.S.d. § 41 AMG. Sobald der Arzt aber den nicht zugelassenen Arzneimittelstoff erneut bei einem zweiten oder dritten Patienten als letztes Mittel bei Versagen der Standardtherapie einsetzt, muß er sich schlüssig werden, ob er den nicht zugelassenen Arzneimittelstoff auch noch bei weiteren Patienten anzuwenden gedenkt. Dann ist er verpflichtet, dies in systematischer, kontrollierter Form gem. § 41 AMG zu tun, und dafür einen Prüfplan zu konzipieren. Auch wenn für eine volle klinisch kontrollierte Studie erste noch einige Voraussetzungen geklärt werden müssen, darf dies zum Schutz der Patienten nicht durch unsystematisches Probieren, sondern nur in Form einer systematisch geplanten Pilotstudie geschehen, für die § 41 AMG gilt. Der Prüfplan kann den Umständen nach einfacher konzipiert sein, muß aber auf systematischen Überlegungen beruhen.

III. Versicherungen

1. I.d.R. bestehen in einem Schadensfall bei der Forschung am Menschen mehrere Versicherungen:

a) Zunächst hat der Proband selbst eine, meist mehrere Versicherungen, insbesondere: Krankenversicherung und Erwerbsunfähigkeitsversicherung. Ich beschränke meine Ausführungen aus Zeitgründen auf die Krankenversicherung. 90% der Bevölkerung sind in der gesetzlichen Krankenversicherung, 10% in der privaten. Ich erörtere hier nur die gesetzliche Krankenversicherung.

b) Sodann muß bei der klinischen Prüfung von Arzneimitteln und Medizinprodukten eine sog. Probandenversicherung abgeschlossen werden (§ 40 I Nr. 8, III AMG und § 17 I Nr. 9, III MPG). Diese Probandenversicherung wird bei einem privaten Versicherungsunternehmen abgeschlossen. Sie ist eine

Versicherung eigener Art[5]. In erster Linie ist sie eine Schadensversicherung zugunsten des Probanden (§ 40 III 1 AMG, § 17 III 1 MPG). Zusätzlich ist sie aber auch noch eine Haftpflichtversicherung zugunsten des Prüfarztes und seiner Klinik, m.E. auch zugunsten der Ethik-Kommission und ihrer Träger. Soweit nämlich die Probandenversicherung Schadensersatzansprüche an den Probanden leistet, erlöschen nach § 40 III 3 AMG und § 17 III 3 MPG dessen Schadensersatzansprüche ohne Einschränkung, also gegen jedermann.

c) Außerdem hat der Prüfarzt i.d.R. eine Haftpflichtversicherung, die er entweder selbst abgeschlossen hat oder die sein Dienstherr als sog. Betriebshaftpflichtversicherung für ihn abgeschlossen hat. Häufig hat der Dienstherr, also z.B. die Universitätsklinik, auch noch selbst eine Betriebshaftpflichtversicherung. Bei Abschluß dieser Versicherung sollte darauf geachtet werden, daß sie nicht nur gegen Schadensersatzansprüche aus Heilbehandlung, sondern auch gegen Schadensersatzansprüche aus Forschung absichern. Haftpflichtversicherungen bestehen inzwischen auch vielfach zugunsten der Mitglieder der Ethik-Kommission und des Kommissionsträgers.

2. In welchem Verhältnis stehen nun diese Versicherungen zueinander?

a) Die gesetzliche Krankenversicherung trägt i.d.R. zunächst alle Krankheitskosten ohne Rücksicht darauf, wie die Körperverletzung oder Gesundheitsentschädigung entstanden ist. Nehmen wir an, sie springt auch in einem Fall ein, den wir jetzt betrachten, wenn ein Proband durch eine klinische Prüfung geschädigt wird.

b) Die gesetzliche Krankenversicherung wird dann allerdings prüfen, ob sie bei einem anderen Regreß nehmen kann, in unserem Fall entweder bei dem Prüfarzt oder seiner Klinik einerseits oder bei der Probandenversicherung andererseits.

aa) Wenn der Prüfarzt schuldhaft den Schaden verursacht hat, geht der gesetzliche Schadensersatzanspruch des Probanden (aus § 823 BGB) gegen den Prüfarzt und (aus § 831 BGB oder § 839 BGB mit Art. 34 GG) gegen seinen Dienstherrn auf die gesetzliche Krankenversicherung über. Da die Probandenversicherung - wie ich schon sagte - auch den Prüfarzt und seinen Dienstherrn gegen Schadensersatzansprüche schützen soll, insoweit also eine Haftpflichtversicherung ist, muß sie in dieser Eigenschaft der gesetzlichen Krankenversicherung die vorausgelegten Heilungskosten ersetzen. Letztendlich

---

[5] Ausführlicher: *Kollhosser*, Umfang und Form der Aufklärung über die Probandenversicherung bei der klinischen Prüfung von Arzneimitteln, MedR 1983, 201 ff.; Rechtsfragen der Probandenversicherung, im Jahrbuch des Arbeitskreises der Medizinischen Ethik-Kommissionen, Bd 3. 1991, S. 131 ff

muß also die Probandenversicherung zahlen, wenn der Prüfarzt den Schaden schuldhaft verursacht hat.

bb) Wenn der Schaden des Probanden (hoffentlich) nicht auf Verschulden des Prüfarztes beruht, wird zweifelhaft, ob die gesetzliche Krankenversicherung wegen der vorausgelegten Krankheitskosten Regreß nehmen kann. Beim Prüfarzt und seinem Dienstherrn geht dies nicht, weil sie ohne Verschulden des Prüfarztes gar nicht haften. Der direkte Rückgriff der gesetzlichen Krankenversicherung gegen die Probandenversicherung bereitet aber folgende Schwierigkeit:

Nach § 116 SGB X gehen nur **gesetzliche** Ansprüche des geschädigten Probanden gegen andere auf die gesetzliche Krankenversicherung über, wenn sie die Schadenskosten übernimmt. Der Anspruch des schuldlos geschädigten Probanden gegen die Probandenversicherung beruht aber nicht unmittelbar auf Gesetz, sondern auf dem Probandenversicherungsvertrag, der zu seinen Gunsten abgeschlossen worden ist. Die Versicherungswirtschaft - damals noch der HUK-Verband - und das Bundesaufsichtsamt für das Versicherungswesen (BAV) haben deshalb bei Schaffung der Probandenversicherungsbedingungen (AVB/P) übereinstimmend erklärt, entsprechend dem Wortlaut des Gesetzes könne die gesetzliche Krankenversicherung keinen Regreß bei der Probandenversicherung nehmen[6].

M.E. ist dieser Standpunkt nicht haltbar. Die Probandenversicherung wird zwar durch Vertrag abgeschlossen, aber nur deshalb, weil das Gesetz hierzu in § 40 AMG und 17 MPG eine Verpflichtung festgelegt hat. Mittelbar beruht der Probandenversicherungsanspruch daher auf einer gesetzlichen Anordnung, und das muß nach dem Sinn und Zweck des § 116 SGB X ausreichen, um ihn auf die gesetzliche Krankenversicherung zwecks Regresses übergehen zu lassen, wenn sie die Schadensheilungskosten übernommen hat. Da diese Frage aber bis heute ungeklärt ist, wäre es nützlich, wenn der Gesetzgeber bei nächster Gelegenheit in das AMG und in das MPG einen klärenden Satz einschieben würde.

c) Was bleibt dann aber noch für die Haftpflichtversicherungen des Prüfarztes und seines Dienstherren sowie der Mitglieder der Ethik-Kommission und ihres Trägers über?

aa) Soweit die Probandenversicherung greift, also auch bei schuldhaft verursachten Schäden, ist sie - wie gesagt - nicht nur eine Schadensversicherung zugunsten des Probanden, sondern auch eine Haftpflichtversicherung zugunsten der Schadensersatzverpflichteten. Insoweit brauchen sie ihre eigenen Haftpflichtversicherung also nicht in Anspruch zu nehmen (§ 40 III 3 AMG und § 17 III 3 MPG).

---

6 Schreiben des BAV vom 29.11.1977, Az III - A 051 - 9/77 und Erläuterungen des HUK-Verbandes zu §§ 6 Ziff. I AVB/P, vgl. Näheres bei *Sander*, Arzneimittelrecht, Loseblattkommentar, Bd. III, Anh. II/10, Erläuterungen zu § 6 Ziff. I AVB/P.

bb)Fraglich ist allerdings der Umfang der Probandenversicherung. Unstreitig ersetzt sie alle Vermögensschäden, insbesondere also die Heilungskosten des Probanden. Ein Kommentar zum AMG[7] meint, die Probandenversicherung habe auch Schmerzensgeldansprüche aus § 847 BGB bei schuldhafter Schädigung zu ersetzen. Das ist aber nicht richtig.

Das Gesetz ordnet die Probandenversicherung nur für Schadensersatz an, und die von den Versicherungsunternehmen einheitlich angebotenen Versicherungsbedingungen (AVB/P) beschränken die versprochene Leistung ausdrücklich auf den Ersatz von Vermögensschäden. Gegenwärtig müssen also der Prüfarzt und sein Dienstherr damit rechnen, daß bei schuldhaft verursachten Schäden für Schmerzensgeldansprüche die Probandenversicherung nicht einspringt. Wenigstens insoweit ist dann noch eine eigene Haftpflichtversicherung für Haftung aus Forschungstätigkeit erforderlich.

M.E. ist es aber geboten, das Gesetz zu ändern. Da die Probandenversicherung nicht nur Schadensversicherung, sondern auch Haftpflichtversicherung sein soll, erscheint mir sachgerecht, hier zu A auch B zu sagen und die Gesetze dahin zu erweitern, daß die Probandenversicherung auch Schmerzensgeldansprüche absichern soll. Dies erscheint mir umso richtiger, als aus der vergangenen Legislaturperiode noch ein Gesetzentwurf im Bundestag existiert, der Schmerzensgeld auch für die Fälle der Gefährdungshaftung einführen will, jedenfalls für schwerwiegende und dauerhafte Schäden[8].

3. Einige Sätze noch zur tatsächlichen Bedeutung der Probandenversicherung:

a) Sie wird von zahlreichen Versicherungsunternehmen angeboten. Ein Teil von ihnen hat sich zu einem sog. „Probanden-Cover“ zusammengeschlossen, der von der Münchener Rückversicherung geführt wird. Dies bedeutet, daß die Versicherungsunternehmen zwar selbständig die Versicherungsverträge abschließen, also Vertragspartner und Risikoträger sind, daß sie aber die Münchener Rückversicherung mit der technischen Durchführung ihrer Verträge betraut haben.

b) Z.T. wird für jedes Projekt ein Einzel-Probandenversicherungsvertrag abgeschlossen. Die Pharmaunternehmen und Medizinproduktehersteller haben aber i.d.R. Rahmenverträge geschlossen, die über einen bestimmten Zeitraum laufen und ständig verlängert werden. Zu diesen Rahmenverträgen melden sie

---

[7] *Kloesel-Cyran*, Arzneimittelrecht, Loseblattkommentar, Bd. I § 40 Anm. 15.

[8] Vgl. dazu *Gerda Müller*, Zum Entwurf eines zweiten Gesetzes zur Änderung schadensersatzrechtlicher Vorschriften, ZRP 1998, 258 ff.

dann jeweils die einzelnen Projekte an, die sie durch Prüfärzte prüfen lassen wollen.

c) Die Kalkulation der Beiträge ist häufig nicht exakt möglich, weil die medizinischen Risiken von Fall zu Fall sehr verschieden und in ihren Auswirkungen schwer zu kalkulieren sind.

d) Schäden sind bisher nur in wenigen Fällen geltend gemacht worden. Meines Wissens haben die Versicherungsunternehmen, soweit sie gezahlt haben, aus Kulanzgründen gezahlt, so daß nicht feststeht, ob überhaupt bisher begründete Ansprüche vorgelegen haben. Für die Versicherer ist die Probandenversicherung daher ein zwar relativ kleines, aber feines Geschäft. Daß bisher nur wenige Schäden geltend gemacht worden sind, ist sicherlich ein Verdienst der Ethik-Kommissionen, denen alle Forschungsprojekte zur Prüfung vorgelegt werden müssen. Daß über Probandenversicherungsansprüche bisher nicht gerichtlich gestritten worden ist, hat andererseits auch die Folge, daß manche Rechtsfragen, wie gezeigt, noch nicht voll geklärt sind.

IV. Offene Fragen

In aller Kürze möchte ich wenigstens noch die folgenden offenen Fragen ansprechen:

1. Probandenversicherung für pharmaunabhängige Arzneimittelforschung

a) Pharmaunabhängige Arzneimittelforschung ist an den Universitäten dringend erwünscht, vor allem auch zur Überprüfung bereits zugelassener Arzneimittel. Nach dem Gesetz ist auch für sie eine Probandenversicherung erforderlich. Zur Bezahlung der Beiträge fehlt aber oft das erforderliche Geld. Denn die Forschungsetats in den medizinischen Kliniken sind äußerst niedrig. Die Verwaltung verweist die Forscher auf die Möglichkeit der Einwerbung von Drittmitteln. Aber Drittmittel fließen spärlich und sind häufig gerade für den Zweck der Überprüfung zugelassener Arzneimittel nicht zu erhalten.

b) Eine Lösungsmöglichkeit könnte dadurch geschaffen werden, daß das AMG durch eine Regelung analog §§ 84,94 Abs. 5 AMG ergänzt wird. In §§ 84,94 Abs. 5 AMG ist es den Pharmaunternehmen gestattet, statt einer Haftpflichtversicherung für ihre Produkthaftung für zugelassene Arzneimittel abzuschließen, eine inhaltsgleiche Garantieerklärung beizuschaffen. Dies könnte ebenso in § 40 ausgesprochen werden. Durch die Regelung müßte es Bund und Ländern ermöglicht werden, anstelle des Abschlusses einer Probandenversicherung für Forschung in Bundes- und Landeseinrichtungen (insbesondere Universitätskliniken) eine inhaltlich entsprechende Garantieerklärung abzugeben. Da sich gezeigt hat, daß bei den von Ethik-Kommissionen kontrollierten Forschungsprojekten die Schadenswahrscheinlichkeit gering ist, dürfte eine solche Regelung aus Sicht der Finanzminister tragbar sein[9].

2. Probandenversicherung für Forschung außerhalb des AMG und des MPG

Es gibt vielfältige Forschung am Menschen außerhalb des AMG und des MPG. Aufgrund der Verpflichtungen in den ärztlichen Berufsordnungen werden sie auch inzwischen häufiger den Ethik-Kommissionen zur Begutachtung vorgelegt. Bei diesen Forschungen können die Risiken gleichhoch sein wie bei Forschungen nach dem AMG und dem MPG. Von der Sache her besteht kein Grund, diejenigen, die sich als Probanden hier dem Gemeinwohl zur Verfügung stellen, im Versicherungsschutz schlechter zu stellen als diejenigen, die sich als Probanden für Forschungen nach dem AMG oder MPG zur Verfügung stellen. Für sie sollte daher auch eine Probandenversicherung bestehen. Dafür müßte aber eine gesetzliche Regelung geschaffen werden. Die Regelung könnte derjenige entsprechen, die oben für pharmaunabhängige Forschung an den Universitäten vorgeschlagen worden ist. Statt des Abschlusses einer Probandenversicherung sollte es Bund und Ländern ermöglicht werden, für solche Forschung an den Bundes- und Landeseinrichtungen inhaltsgleiche staatliche Garantieerklärungen abzugeben[10].

V. Dosisfindungsstudien und Therapie-Optimierungsstudien

a)Dosisfindungs- und Therapie-Optimierungsstudien kommen in vielen Bereichen der Arzneimittelweiterentwicklung vor. Im Bereich der pädiatrischen Onkologie werden z.B. ca. 70% aller krebskranken Kinder in solche Studien eingeschlossen. Es handelt sich dort um die permanente, systematische Weiterentwicklung des jeweils erreichten Standards, die seit langen Jahren gerade in der pädiatrischen Onkologie mit guten Erfolgen betrieben wird.

Die Versicherungsunternehmen verhalten sich unterschiedlich gegenüber solchen Studien. Wo sie meinen, das Risiko abschätzen und tragen zu können, schließen sie Probandenversicherungen ab, wo nicht, da verweigern sie den Abschluß eines Versicherungsvertrages. Dadurch ist ein Zustand beträchtlicher Unsicherheit entstanden.

---

[9] Ausführlicher: *Kollhosser*, Rechtsfragen der Probandenversicherung, im Jahrbuch des Arbeitskreises Medizinischer Ethik.Kommissionen, Bd. 3, 1991, S. 131 ff

[10] Dazu schon *Kollhosser*, Fn. 9.

Man versucht das Problem z.T. dadurch zu lösen, daß man verneint, daß es sich bei solchen Studien um Arzneimittelstudien i.S.d. AMG handelt, weil bei ihnen nicht das Forschungsinteresse, sondern das therapeuthische Interesse im Vordergrund stehe. Aber damit bekommt man m.E. das Problem nicht in den Griff. Es gibt sehr unterschiedliche Studien in diesem Bereich, aber niemanden, der befugt ist, verbindlich eine Abgrenzung vorzunehmen. Immer handelt es sich um vergleichende Studien, in denen ein neues, noch nicht erprobtes Therapieschema mit dem derzeit anerkannten Standard verglichen wird. Nach dem Wortlaut des Gesetzes handelt es sich immer um vergleichende klinische Prüfungen i.S.d. § 41 AMG.

Auf meinen Vorschlag hin hat die Arbeitsgemeinschaft der Ethik-Kommissionen der Bundesrepublik schon vor zwei Jahren den Gesetzgeber aufgefordert, zum Schutz der Forscher und der Probanden hier eine klare gesetzliche Regelung zu schaffen. Dem ist der Gesetzgeber aber bisher nicht nachgekommen.

Man kann Verständnis dafür haben, daß z.B. Probandenversicherungen zweckfremd sind, wenn - wie in der pädiatrischen Onkologie - der überwiegende Teil aller Kranken im Rahmen von Studien therapiert wird. Aber es gibt andere Optimierungsstudien, für die kein Grund besteht, hier den Probandenversicherungsschutz zu verweigern. Wenn man nicht für alle Studien eine Probandenversicherung zwingend gelten lassen will, eine klare gesetzliche Abgrenzungsdefinition aber auch nicht zu finden ist, dann sollte die Abgrenzungsentscheidung im Einzelfall nicht den Versicherungsunternehmen überlassen werden, sondern von einem unabhängigen, sachverständigen Gremium getroffen werden.

b) Das Gleiche sollte für die Frage gelten, ob die gesetzliche Krankenversicherung die Kosten einer Therpie-Optimierungsstudie übernimmt. Gegenwärtig besteht bei den Trägern der gesetzlichen Krankenversicherung eine große Zurückhaltung gegenüber der Übernahme solcher Kosten. Da es viele Träger der gesetzlichen Krankenversicherung gibt, ist es schon organisatorisch schwierig, für jeden Einzelfall bei ihnen eine Einheitsmeinung herbeizuführen. Zudem ist die Tendenz erkennbar, vermeidbare Kosten zu vermeiden. Sie berufen sich daher im Regelfall auf den Gesetzeswortlaut, der die Träger der gesetzlichen Krankenversicherung zur Tragung der Kosten einer Heilbehandlung verpflichtet, nicht aber zu Tragung der Kosten von Forschungsprojekten.

Auch hier wäre es wünschenswert, daß gesetzlich festgeschrieben wird, daß die gesetzliche Krankenversicherung die Kosten von Therapie-Optimierungsstudien zu tragen hat, wenn ein unabhängiges, sachverständiges Gremium dies beschließt, weil die Studie mit Wahrscheinlichkeit einen therapeutischen Nutzen erwarten läßt. Den Gremien sollten Vertreter der gesetzlichen Krankenkassen mit angehören.

www.ingramcontent.com/pod-product-compliance
Lightning Source LLC
LaVergne TN
LVHW010938051026
849532LV00003B/1040
* 9 7 8 3 5 4 0 6 6 4 5 4 3 *